U0257719

电气自动化工程师速成教程

第 2 版

姚福来　张艳芳　等编著

机 械 工 业 出 版 社

本书对电气自动化、仪器仪表、过程控制等相关专业在实际工作中常用的一些器件、传感器、控制电路、控制装置和软件进行了深入浅出的讲解，同时给出了电动机选取、节能控制和精密控制中前馈参数的确定方法，并对如何提高学生的技术创新能力给出了三种简单易行的训练方法，本书力图使学习者在较短的时间内基本掌握实际工作中常用的实用知识及创新能力自我培养的方法，为自动化专业大中专毕业生、本科毕业生、研究生及爱好者快速就业并做出成绩提供帮助。

本书可作为自动化专业的短期速成培训教材，适合高中以上文化程度的读者阅读。

图书在版编目（CIP）数据

电气自动化工程师速成教程/姚福来等编著. —2 版.
—北京：机械工业出版社，2016.10（2025.3 重印）
ISBN 978-7-111-55197-3

Ⅰ.①电… Ⅱ.①姚… Ⅲ.①自动化技术—教材
Ⅳ.①TP2

中国版本图书馆 CIP 数据核字（2016）第 250034 号

机械工业出版社（北京市百万庄大街 22 号　邮政编码 100037）
策划编辑：林春泉　责任编辑：林春泉
责任印制：张　博　责任校对：段凤敏
北京建宏印刷有限公司印刷
2025 年 3 月第 2 版·第 13 次印刷
184mm×260mm·17 印张·412 千字
标准书号：ISBN 978-7-111-55197-3
定价：49.00 元

凡购本书，如有缺页、倒页、脱页，由本社发行部调换

电话服务　　　　　　　　　　网络服务
服务咨询热线：010-88361066　机 工 官 网：www.cmpbook.com
读者购书热线：010-68326294　机 工 官 博：weibo.com/cmp1952
　　　　　　　010-88379203　金 书 网：www.golden-book.com
封面无防伪标均为盗版　　　　教育服务网：www.cmpedu.com

第2版前言

非常感谢各位读者的抬爱，本书第1版已经重印13次了。随着时间的推移，有些内容已经过时且需要更新，也有些内容需要调整，机械工业出版社的林春泉编审希望我能尽快完成本书的修订工作。为了有的放矢，满足读者的需求，我上网看了大量的读者评论，对于好评在此表示感谢！对于批评我也表示接受，比如有些读者认为本书的内容过于简单且名不副实，我觉得说得有道理。当初我写这本书时就很纠结，一怕写的内容过多无法实现新手速成的目的，二怕写得内容太少又让新手看不明白，从应用和经验来写，书中的每一章都可以写成一本书，所以还是要做取舍的，第2版仍坚持点到为止的原则，避免繁杂和理论的说教，希望读者看完本书就能上手干活。

如何选取电动机是电气自动化技术人员的必修课，本书增加了一个章节，给出计算和选取电动机的简单方法。

自动化的一个重要作用是替代人工，让生产效率更高更精。随着人力资源的日益紧张和人工成本的迅速上升，如何让自动化设备获得更快更精的运动性能，不是简单地会调PID参数就能实现的，还必须要掌握控制结构的设计布局以及关键参数的选择确定，本书增加了一个章节，将对此进行讲解。

自动化的另一个重要作用就是节能，随着能源的日益紧张，节能工作将成为今后自动化的持续热点，但是如何实现节能控制却是一个难点，本书增加了一个章节，给出了两个应用广泛且简单实用的节能控制法则。

本书内容主要由姚福来、张艳芳编写，第4章小型可编程序控制器的部分内容由王洪霞工程师协助编写，第5章变频器的部分内容由姚泊生工程师协助编写，第5章伺服电动机的部分由姚雅明工程师协助编写，第6章触摸屏的部分内容由张艳彬工程师协助编写，第14章沙漠植物自动灌溉部分内容由王慧工程师协助编写，王晓丹完成了本书的打印工作，在此一并表示感谢。本书共分14章，给出学生在7天内掌握自动化工程师的基本知识，及创新能力自我培养的3种主要方法，第1天学习第1章和第2章，第2天学习第3章和第4章，第3天学习第5章和第6章，第4天学习第7章和第8章，第5天学习第9章和第10章，第6天、第7天实践本书的应用案例，第11～13章内容为提高级内容，可以根据需要自由选择学习。

作者

第 1 版前言

随着社会经济的快速发展，与自动化相关的专业人才的需求越来越大，同时该专业的求职大军也迅速扩大，其就业竞争的压力并无减小的迹象。根据我们多年从事自动化工作的经验，很多刚从学校毕业的学生在快速就业方面仍有较大的差距，其原因主要有两个：一是学校在专业课教育中贪大求全过分拔高，而对掌握在实际工作中大量使用的器件及设备的使用方法并没有得到足够的重视；二是实验课中学生动手的机会偏少，很多实际应用中经常要用到的器件及控制电路与装置的示范不够，造成学生一接触实际的设计与应用就不知从何下手。以一个简单的交流电动机正反起停控制电路为例，一个稍有工作经验的电气自动化工作人员可能用不了 5min 就可以给出其设计电路及器件的选择，而对于一个新毕业的学生可能还不知道从何下手，更不要说器件的选择。可以毫不夸张地说，这样一件简单的工作，在实际生产中可能是由一位只有初中文化的电工来完成的，这就是专业教育同实际应用的差距。

目前，多数学校的教育还是以应对考试为主，教师在创新思维方面对学生的引导作用不够，这就不可避免地造成了大量的毕业生不仅动手能力差，而且创新能力也极其缺乏，在这一点上即使是国内数一数二的大学，也不例外。

本书编写的目的就是快速缩小这一差距，为自动化及相关专业的大中专毕业生、本科毕业生及研究生快速就业提供一座桥梁，凡具有高中以上文化知识、并希望从事电气自动化专业工作的人都可以成为本书的受益者。除封面署名作者外，参与本书编写的还有长期从事自动化工作、经验丰富的张艳彬和姚泊生两位工程师，他们协助编写了本书的第 4~6 章的部分实验内容，王晓丹完成了本书的全部打印工作，在此一并表示感谢。本书共分 11 章，力图使学生在 7 天内掌握自动化工程师的基本知识，及创新能力自我培养的 3 种主要方法，第1 天学习第 1 章和第 2 章，第 2 天学习第 3 章和第 4 章，第 3 天学习第 5 章和第 6 章，第 4天学习第 7 章和第 8 章，第 5 天学习第 9 章、第 10 章和第 11 章，第 6 天及第 7 天实践本书的部分内容。

编著者

目　录

第1章　电气控制常用器件及动力设备

1.1　按钮

按钮压下后触点动作，抬起后触点又复原，按钮一般用作设备的起停控制或功能输入。旋钮开关（1 档、2 档、3 档）则通过旋转一定角度并停在该位置使触点接通，反方向旋转又使触点断开，一般用于电源开关或功能切换。急停蘑菇按钮（一般为红色或黄色）的动作方式是用手压下时触点动作，然后自锁，只有用手将按钮旋转一定角度才能复位，一般用于事故紧急停车。有些按钮是模块化的，可以自由地增减；也有一些按钮的标准配置为一个常开触点和一个常闭触点。电控柜常用按钮的开孔尺寸为直径 22mm，其主要参数为：常开触点数量、常闭触点数量、开孔尺寸、颜色、是否带灯、是否自锁、是否带标牌等，按钮的外观如图 1-1 所示。

图 1-1　按钮

常见型号：LA42、K22 等。
生产厂家：上海天逸电器有限公司、江阴长江电器有限公司、施耐德电气有限公司等。

1.2　指示灯

通电后发光，断电后熄灭，一般用于指示电源的通断、设备的起停状态及故障等，其工作电压有 AC 380V、AC 220V、DC 12V、DC 24V 等，形状如图 1-2 所示。电控柜常用按钮开孔尺寸为直径 22mm，其主要参数为：电压等级、开孔尺寸、颜色、是否带标牌等。
常见型号：AD17、K22 等。

图 1-2　指示灯

生产厂家：江阴长江电器有限公司、上海天逸电器有限公司、日本富士电机株式会社等。

1.3　电压表

电压表一般并联在被测线路中，用于测量和指示线路的电压值，计量单位 mV，V 或 kV，分数字式和指针式，因使用范围不同有不同的电压等级，电压表有直流和交流之分，其形状如图 1-3 所示。

图 1-3　电压表

常见外形：6L2、CP96、1T1 等。
生产厂家：浙江人民电器股份有限公司、浙江长城电器集团公司等。

1.4　电流表

电流表一般串接于被测线路中，用于测量和指示线路中流过电流的大小，测量单位为

mA，A，kA 等，分数字式和指针式，因被测线路电流的范围不同而有不同的测量等级，如300A、100A 等，电流表也有测量交流和测量直流之分，外形如图1-4 所示。

图1-4　电流表

常用外形：6L2、CP96、1T1 等。
生产厂家：浙江长城电器集团有限公司、浙江人民电器股份有限公司等。

1.5　电流互感器

一般交流电流表不直接测量太大的电流，当被测电流大于5A 时，一般用电流互感器将大电流变为5A 以内的标准电流，再用电流表去测量。互感器的主要指标为电流比和一次侧穿匝数，电流比300/5 的互感器指的是将0～300A 的电流转变为0～5A 的电流，一次侧穿匝数1T 指的是被测线路穿过电流互感器内孔一次，需要注意的是电流互感器的二次侧不可开路，否则将因失去二次侧的去磁作用而导致互感器过热，甚至损坏，二次侧也会出现很高的电压，而危害人身安全，在运行中更换电流表要先将二次侧短路，换好后再断开，电流互感器必须保持一端可靠接地，以防止绝缘损坏后高压侧电压传到二次侧，危害人身安全，电流互感器二次侧的外接仪表的电阻不能大于技术要求值，否则会影响测量精度，电流互感器的外形如图1-5 所示。

图1-5　电流互感器

常见型号：LMZ、BH 等。

生产厂家：浙江德力西电器股份有限公司、浙江人民电器股份有限公司等。

1.6　熔断器

熔断器的作用类似于人们俗称的保险丝，当电流大于其标称电流的一定比例时，熔断器内的熔断材料（或熔丝）发热，经过一定时间后熔断，以保护线路，避免发生较大范围的损害，熔断器可以用作仪器仪表及线路装置的过载保护和短路保护。多数熔断器为不可恢复性产品（可恢复熔断器除外），一般二次线路用的熔断器电流小于 10A，动力用熔断器根据被保护装置或线路的电流值乘 1.3 倍的系数所得数值的上一档选取。熔断器的外形如图 1-6 所示。

图 1-6　熔断器

常见型号：RT14、RT32 等。

生产厂家：浙江正泰电器股份有限公司、浙江德力西电器股份有限公司等。

1.7　转换开关

转换开关一般用作控制功能的转换及电源的通断，转换位置可以有很多档。专门用作电源通断的转换开关也叫电源开关，电源开关的转换位置一般为两档，颜色多为红黄搭配，触点容量（额定电流）一般较大。转换开关上有多个常开触点和常闭触点，当转动转换开关到不同位置时，就有不同的触点发生断开和闭合动作，利用这些触点的开闭来完成电气功能的切换，转换开关的外形如图 1-7 所示。

图 1-7　转换开关

常见型号：LW5D、HZ12 等。
生产厂家：浙江德力西电器股份有限公司、江阴长江电器有限公司等。

1.8　断路器

断路器主要提供可以恢复的短路保护，当电路或电气装置发生瞬间短路或瞬间大电流时，断路器自动跳闸断开，以保护电路和电气装置，跳闸后可以人工重新合上，与熔断器比，断路器可以反复使用，断路器因利用空气为绝缘介质而得名，以区别于以油为绝缘介质的油断路器。断路器分线路保护型和电机保护型，线路保护型的断路器其瞬间允许的跳闸电流约为 7 倍额定电流，电机保护型的约为 11 倍，这一点初学者一定要引起注意。断路器一般按被保护电机的 1.25～1.5 倍选取，没有同规格的向上一档选取，其外形如图 1-8 所示。

图 1-8　断路器

常见型号：DZ47、C45、DZ12、DZ20 等。

生产厂家：浙江正泰电器股份有限公司、浙江人民电器股份有限公司等。

1.9　交流接触器

交流接触器主要用来控制主电路设备的通断电，因控制电流一般较大，其内有消弧装置，交流接触器通电后铁心动作带动主触点和辅助触点动作，主触点接通主电路，辅助触点用于自锁、安全互锁或告知功能，线包断电，主触点抬起，主电路断电，辅助触点断开，主触点多数为 3 个常开触点，用于控制三相主电源；当有 4 个主触点时，可以同时控制零线的通断，辅助触点有常开触点和常闭触点，有些交流接触器的辅助触点是模块化的可以自由地增减。交流接触器的主要参数为触点电流，触点电流一般按被控装置的额定电流选取，没有相同规格的向上靠一档选取。交流接触器柜内安装时要注意其前面留出说明书中要求的安全喷弧距离。交流接触器的外形如图 1-9 所示。

图 1-9　交流接触器

常见型号：CJ20、CJ12、NC3 等。

生产厂家：浙江德力西电器股份有限公司、浙江正泰电器股份有限公司等。

1.10　中间继电器

中间继电器的原理同交流接触器一样，也是利用线包的通断电使触点发生闭合或断开的动作，只不过它的主要作用是控制中间线路或其他小功率电气装置的断通，在主电气元件之前起中继作用，或发出知告信号。中间继电器的触点无主辅之分，数量也有多有少，有一开一闭，4 开 4 闭不等，有的中间继电器有防尘罩，以保护触点的清洁。部分中间继电器及插座的外形如图 1-10 所示。

常见型号：JZ7、JZC4、JQX-13F、JZX-22F、HH52 等。

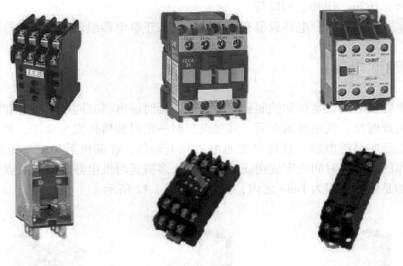

图 1-10　中间继电器

生产厂家：浙江长城电器集团有限公司、浙江正泰电器股份有限公司、欧姆龙公司等。

1.11　热继电器

热继电器由热感元件、动作电流设定钮和辅助触点等组成，将热继电器的主端子串入被保护的电路中，当线路有电流流过时，热感元件发热，当流过的电流超过设定值，经过一定时间，热感元件发热变形使辅助触点动作，辅助触点用于使交流接触器断电或接通故障信号灯。热继电器一般用于保护线路或电动机避免过载，当过载断开后可以按其上的复位按钮人工快速复位或自动复位，热继电器一般对瞬间过电流不敏感。热继电器的辅助触点多数为一常开一常闭，热继电器主要参数为动作电流，选型时尽量保证被保护电动机的过载动作电流值位于设定旋钮可调节范围的区间内。热继电器的外形如图 1-11 所示。

图 1-11　热继电器

常见型号：JR20、JR36、NR2 等。

生产厂家：浙江德力西电器股份有限公司、浙江正泰电器股份有限公司等。

1.12　延时继电器

延时继电器由时间设定钮和控制触点等组成，延时继电器有通电延时型和断电延时型之分，对于通电延时型，继电器通电后，其触点延时一定时间后再发生动作，触点断电后立即释放；对断电延时型继电器，其触点在通电后马上动作，在断电后延时一定时间触点才释放，触点动作的时间由时间设定旋钮或开关设定，多数延时继电器的控制触点为一常开一常闭，较常用的是定时范围为 1min 之内，其外形如图 1-12 所示。

图 1-12　延时继电器

常见型号：JS14A、JS11、JSZ6 等。

生产厂家：浙江人民电器股份有限公司、浙江正泰电器股份有限公司等。

1.13　电动机

电动机是电气自动化领域最常见的动作执行装置，接入合适的电源后电动机将产生旋转运动。电动机因供电电源不同而分为直流电动机和交流电动机。早期由于直流电动机的调速方法易实现且调速性能好，其在工业调速领域中发挥了主要作用，随着电力电子技术的快速发展，目前交流调速技术已经成熟，由于直流电动机的碳刷存在磨损和打火问题，易发生故障，所以近年来直流电动机正逐渐被交流电动机所取代。不过在很多小型的电子装置中，直流电动机仍发挥着主要作用，如录音机、录像机、照相机等。常见的普通交流电动机有单相和三相之分，交流电动机的工作电压有很多种，在我国多数为 AC 220V、AC 380V、AC 6kV、AC 10kV 等，交流电动机的主要参数为额定工作电压、额定输出功率、防保等级（潜水、防水等）等，交流电动机的外形因功率和使用场合的不同差异较大。转子速度不等于定子旋转磁场速度的交流电动机称异步电动机，转子速度等于定子旋转磁场速度的交流电动机称同步电动机。伺服电动机主要用于需要精密同步和控制的场合，它的主要特点是精度高、响应快、全速度范围提供额定转矩。变频调速电动机可以长时间低速运行，它的特点是低速时仍可以提供较大的转矩，使它优于普通交流电动机。步进电动机每次动作都转过一个固定角度，它的优点是不需要反馈，控制简单，且可以直接定位，缺点是高速运行时力矩变小。能直接产生直线运动的电动机叫直线电动机，它不再需要将旋转运动通过机械变为直线运动，它体积小、精度高。图 1-13 所示的只是电动机这个大家族中的几个例子。

图 1-13　电动机

常见型号：Y、YVP、SZ 等。
生产厂家：河北电机股份有限公司、四通电机有限公司、松下电气株式会社等。

1.14　变压器

变压器由绕在特制铁心上的几组线圈组成，变压器因用途不同分为电力变压器、自耦降压变压器和控制变压器等，变压器还分为单相变压器和三相变压器。

还有一种类似变压器的装置叫电抗器，将电抗器的绕组串联在线路中，利用电感线圈中的电流不能突变的原理，提供续流和稳流作用，在变频器应用中，有时需要在电源输入侧串接输入电抗器以减少变频器产生的谐波对电网的干扰；在变频器的中间直流环节串接直流电抗器以提高功率因数；在接电动机的输出侧串接输出电抗器以减少变频器产生的谐波对大地形成的位移电流漏电效应，延长变频器到电动机之间的使用距离。

自动控制领域常用的为控制变压器和自耦降压变压器。控制变压器用于为控制电路或装置提供低压电源或隔离电源，输入侧电压和输出侧电压之比等于输入线圈匝数与输出线圈匝数之比，它的主要参数为额定功率、输入电压和输出电压等，常用的输出电压为 AC 6V、AC 12V、AC 24V 和 AC 36V 等，作为抗干扰用的隔离变压器输入电压和输出电压相等，不过请注意，隔离后的输出侧如果没有实施一端接地，电压就不再有零线相线之分，摸任何一根输出线都不会触电。自耦降压变压器是通过缠在铁心上的同一组线圈在不同处的抽头来实现升压或降压的，不过在电气自动化领域应用较多的是起动电动机用的三相自耦降压变压器，多数三相自耦降压变压器有 65% 和 85% 两组降压抽头，其主要参数为功率。自耦降压变压器一般为短时工作制，时间太长就会发热而烧毁，初学者一定要注意这一点。控制变压器的外形如图 1-14a 所示，自耦降压变压器的外形如图 1-14b 所示。

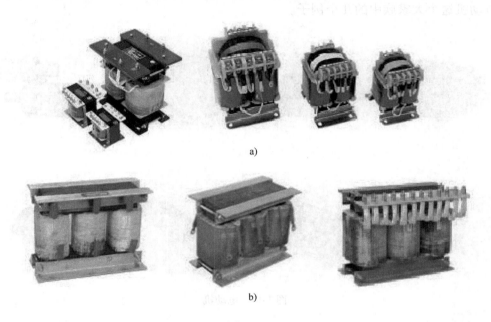

a)

b)

图 1-14

a）控制变压器　b）自耦降压变压器

控制变压器的常见型号：JBK、BK、BKC 等。
生产厂家：石家庄无线电十七厂、浙江正泰电器股份有限公司等。
自耦降压变压器的常见型号：QZB。
生产厂家：沈阳市大华干式变压器制造有限公司、浙江德力西电器股份有限公司等。

1. 15　电磁阀

电磁阀是一种控制液体或气体通断的装置，通电后电磁阀动作，失电后恢复原状态。电磁阀分为通电关闭和通电打开两种，这主要是从安全角度考虑的，有些控制过程要求突然断电时，要把介质关断（如煤气）才行，而另一些控制过程可能要求突然断电后打开才安全，当要求对多路气体或液体进行通断控制时，就要用多位多通电磁阀。常见电磁阀形状如图 1-15 所示。

常见型号：ZBSF、ZCV、QDA、F23D、K23D 等。
生产厂家：烟台气动元件厂、上海巨良电磁阀制造有限公司等。

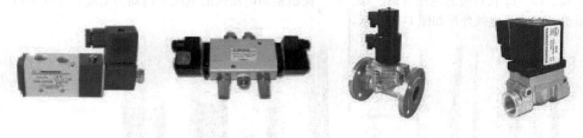

图 1-15　电磁阀

1.16　电动调节阀

　　电动调节阀与电磁阀的不同在于电动调节阀阀门的打开角度可以控制，而不只是简单的通和断。带有阀门定位器的电动调节阀在控制系统中可以用标准信号（$0 \sim 5V$，$4 \sim 20mA$ 等）进行阀门的开度控制，不带阀门定值器的电动阀，利用阀门电动机的正反转及阀门开度反馈信号来控制阀门的开度。气动调节阀利用压缩空气为动力控制阀门的开关，气动调节阀有气开和气关两种，气开和气关功能的选择主要依据的是因意外原因突然断气后系统的安全性要求，如煤气控制阀可能多数情况下选气开是安全的，这样在突然断气后阀门关闭使得煤气系统更安全，气开和气关的选择会影响到控制器控制作用的正反选择。电动调节阀的外形如图 1-16 所示。

图 1-16　电动调节阀

　　常见型号：ZAZP、ZDJR、ZKJW 等。
　　生产厂家：上海恒星泵阀制造有限公司、杭州良工阀门有限公司等。

1.17　电线

　　一般电控柜内的控制电路（也叫二次线路）多用截面积为 $0.3 \sim 1.5mm^2$ 的电线连接。电动机主电源线路（也称一次线路或动力线路）根据线路工作电流的大小选择相应截面积的电线，电流太大时，因电线走线不方便，在电控柜内常用铜（或铝）排代替动力电线，为便于检查相线的对错，三相电源线 L_1、L_2、L_3 在柜内按上中下、左中右、后中前布置，

L_1、L_2、L_3 相对应的色标为黄、绿、红。控制柜到电动机的电线多用动力电缆，在此不再介绍。常见电线外形如图 1-17 所示。

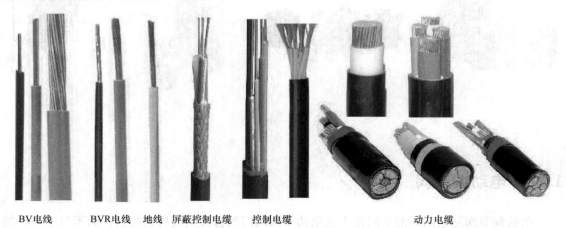

BV电线　　　BVR电线　　地线　屏蔽控制电缆　控制电缆　　　　　　　　　动力电缆

图 1-17　电线

常见型号：BV、BVR、RV 等。
生产厂家：天津市津成电线电缆有限公司、河北省保定海燕电线厂等。

1.18　接线端子

当电控柜需要同柜外装置、远端控制盘或柜门上的元器件连接时，多数情况下，外边的电线不是直接接到内部元器件上，而是先将柜内需要外接的接点连接到端子上，再从端子上与外界元器件连接，常见二次线路的连接端子外形如图 1-18 所示。

常见型号：UK、TK、SAK、JXB、JH 等。
生产厂家：浙江德力西电器股份有限公司、浙江正泰电器股份有限公司等。

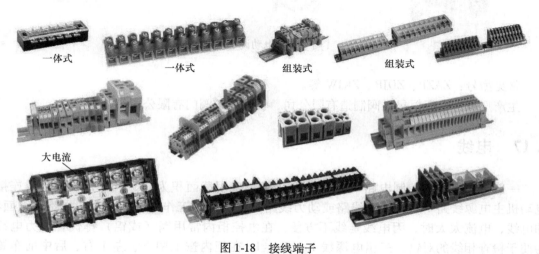

一体式　　　　一体式　　　　　组装式　　　　　组装式

大电流

图 1-18　接线端子

第 2 章　常用传感器

2.1　限位开关

当有物体碰到限位开关的探测头后，开关里面的触点发生动作，多数限位开关有一个常开触点和一个常闭触点，限位开关主要用于检测运动物体是否到达某一位置，到达该位置时，控制器完成诸如保护停车、功能转换等动作。限位开关也称行程开关，小的限位开关也称微动开关，其外形如图 2-1 所示。

图 2-1　限位开关

常见型号：JLXK、YBLX、LX 等。
生产厂家：浙江德力西电器股份有限公司、浙江正泰电器股份有限公司等。

2.2　接近开关

接近开关分为有源型（有电源供电）和无源型（无电源供电）两种。对于无源型的接近开关（如干簧管式接近开关），当有磁性物体接近它的感应部位时，内部触点发生动作，常见的是常开触点闭合。对于有源型的接近开关（如电感型、电容型、霍尔型），当有物体接近它的感应部位时，内部参数（电感、电容等）发生变化，从而电路发生动作，使输出端输出高电平或低电平，也有的是产生低电阻或高电阻状态，外界控制器根据此信号的变化，判别是否有物体靠近。接近开关的外形如图 2-2 所示。

常见型号：JM、G18、CLB、E2E 等。
生产厂家：西普电气有限公司、欧姆龙公司等。

图 2-2　接近开关

2.3　光电开关

　　光电开关分为反射型和透射型。反射型的探测头内有一个发光管和一个光敏管，当有物体靠近探测头时，发光管发出的光被物体反射回来，光敏管接收到足够强的反射光就使光电开关的内部电路输出高电平或低电平（高阻或低阻状态）信号。透射型光电开关其发光管和光敏管分别被放置到相对的位置，当有物体通过发光管和光敏管之间的空间时，发光管的光线被阻挡，光敏管接收不到发光管射来的光线，光电开关的内部电路输出高电平或低电平（高阻或低阻状态）信号。光电开关常被用来检测物体的有无、通过与否以及是否有标记等。光电开关的外形如图 2-3 所示。

图 2-3　光电开关

　　常见型号：SD、E3E 等。
　　生产厂家：无锡市华阳传感器有限公司、日本欧姆龙公司等。

2.4　直线传感器

　　直线传感器用于检测直线方向的位移，它有电阻型、差动变压器型、光栅型和感应同步尺型等，其中电阻型最简单，它类似于一个精密的直滑电位器，拉杆发生移位，它的电阻就发生变化，它的缺点是有相互接触的摩擦点，不过新型的塑料电位器已经很耐用，寿命长达几千万至几亿次。光栅型的直线传感器，位移产生光电脉冲信号，光电脉冲的个数与直线位移量相对应，光栅型直线传感器没有电阻型直线传感器那样的摩擦点，寿命更长，且精度也更高。差动变压器型直线传感器由滑杆、激励绕组和检测线圈组成，内部金属滑杆直线移动时，检测线圈上的电压就进行相应改变，通过测量这种变化可以检测直线位移量。感应同步尺由定尺和滑尺组成，滑尺上有激励信号，随着滑尺和定尺的位置变化，在定尺上产生对应的周期性相位变化，通过检测相位变化的数值来测定直线位移量。光栅尺由定尺和滑尺组成，定尺上有很多光刻或腐蚀出的细线，滑尺上有光电传感器，光栅尺的输出多数为 A、B 两相输出再加一个零相 Z 输出，或是 A、B 两相输出。还有一种直线传感器是拉绳式的，同编码器差不多。直线传感器的主要参数为线性度、精度和长度。常见直线传感器的外形如图 2-4 所示。

图 2-4　直线传感器

常见型号：NS、WDL 等。
生产厂家：上海新跃仪表厂、上海天尧科技有限公司等。

2.5　角度传感器

角度传感器用于检测转角的变化情况，与直线传感器类似，它也有电阻型、旋转变压器型和光电编码器型等。其中电阻型类似旋转电位器，转轴角度变化时，中间抽头与任一固定端的电阻值发生相应变化，该电阻值与转角一一对应，测量电阻的变化既可得出转角的变化，传统的电位器寿命较短，目前塑料型的电阻角度传感器已经很耐用，寿命长达几千万至几亿次。光电编码器有绝对型和增量型之分，绝对型编码器的转角位置同输出的转角位置一一对应，增量型编码器是每增加一定角度就发出一个脉冲，通过计量脉冲个数来对应角度值，增量型编码器的输出多数为 A、B 两相再加一个零相 Z，或是 A、B 两相输出，绝对型编码器由于要细分不同的位置，其输出线以精度不同而不同，但是总体来说线的数量比增量型编码器要多。旋转变压器是通过检测激励信号和感应线圈侧信号的相位角变化及周期数量值来确定角度。角度传感器的主要参数为分辨率、精度和线性度等，编码器的主要参数为每转脉冲数、输出相数和信号类型等。角度传感器的外形如图 2-5 所示。

图 2-5　角度传感器

常用型号：JJX、E40S等。

生产厂家：上海江晶翔电子有限公司、奥托尼可斯公司、上海新跃仪表厂等。

2.6 力传感器

力传感器用于测量力的大小，有电阻应变片型，变压器型和硅半导体型等。应变片型张力传感器把应变片电阻粘贴在测量体内，测量体受外部作用力而变形，导致其上的应变片电阻发生变化，通过测量电阻的变化来间接测量力的大小。变压器型的力传感器，其铁心与测量体相连接，激励线圈和测量线圈通过铁心相耦合，当外力施加到测量体上，测量体变形导致铁心移动，从而改变激励线圈对测量线圈的作用量，测量线圈电信号的变化反映了作用力的大小。半导体型的力传感器，利用半导体在受压变形时产生的电特性变化对力进行测量。力传感器外形如图2-6所示。

图2-6 力传感器

常见型号：MCL、BK等。

生产厂家：北京天福力高科技发展中心、北京航宇东方高科技发展有限公司等。

2.7 液位传感器

液位传感器按信号的不同分为开关型和连续测量型两种。开关型液位传感器也称液位开关，当液体达到一定位置时液位开关发生动作，触点闭合或打开，一般液位开关有一个常开触点或一个常闭触点或一个常开触点加一个常闭触点。液位开关根据内部原理又分浮球型和感应型，浮球型的液位传感器是利用液体到达时对浮球的浮力作力使浮球翻转而使触点动作。连续测量的液位传感器有应变片式、半导体式、超声波式、电容式等。应变片式的测量原理同力传感器相似，处于液体中的液位传感器探头会由于液位高度产生的压强而使测量腔受力变形，根据测量腔的变形来测量出液体的深度。为了消除大气压力对液位测量的影响，液体中放置的传感器探头上有一根导气管从电缆中引出，安装时一定要注意千万不要堵塞或折断该导气管。液位传感器的主要参数为测量范围、输出信号类型等。当液位传感器的输出信号为标准的 0~10mA、4~20mA、0~5V、1~5V 信号时，也称为液位变送器。如果变送器只利用两根导线同时完成电源提供和测量信号返回，则该变送器称为两线制变送器，如果电源线和信号线是分开的则称为四线制变送器。液位传感器外形如图2-7所示。

图 2-7　液位传感器

常见型号：JYB、SL 等。
生产厂家：北京昆仑海岸传感技术中心、恩德斯豪斯公司等。

2.8　压力传感器

压力传感器用于对管道和容器中的压力进行测量，压力传感器的测量原理同液位传感器的测量原理基本类似，有只输出开关信号的压力开关和能输出连续压力信号的压力传感器。压力开关的压力动作值可以根据需要设定，当压力值达到动作压力时，触点开关动作。还有一类带触点的压力表称电接点压力表，它的原理是压力大于高设定值时一个触点动作，压力小于低设定值时另一个触点动作。对于连续测量的压力传感器，最简单的是输出电阻变化信号的远传压力表，它类似一个电位器，管道或容器的压力发生变化时，压力传感器的中间抽头和固定端之间的电阻会随之变化。其他压力传感器有应变电阻式和半导体式等，与上述的液位传感器相同。当压力传感器输出标准的 0～10mA、4～20mA、0～5V、1～5V 信号时，称为压力变送器；专门用于测量两点压力差的压力传感器称差压变送器。压力变送器也有 2 线制和 4 线制两种接线方式。压力传感器的主要参数是测量范围、输出信号类型、防爆等级、防护等级等。其外形如图 2-8 所示。

图 2-8　压力传感器

常见型号：Y、YXC、1151 等。
生产厂家：西仪集团有限责任公司、北京布莱迪仪器仪表有限公司、罗斯蒙特公司等。

2.9　温度传感器

温度传感器用于对液体、气体、固体或热辐射进行温度测量，最简单的温度传感器是能输出触点开关信号的温度开关，它的工作原理同压力开关类似。典型的温度传感器有热电阻型、热电偶型及半导体型等。热电阻型温度传感器有 Pt10、Pt100、Pt1000、Cu50、Cu100、NTC 等，热电阻型温度传感器一般用于测量温度不高的情况。热电偶型温度传感器有 K、S、E、B、J、N、T、R、WRE 等不同分度，用于测量不同的温度范围。温度传感器能输出标准信号 0～10mA、4～20mA、0～5V、1～5V 的称温度变送器。温度变送器的主要参数为测量范围、输出信号类型、信号精度、线性度、二线制还是四线制、防护方式及防爆与否等。温度传感器的外形如图 2-9 所示。

图 2-9　温度传感器

常见型号：WR、JWB、STT 等。
生产厂家：重庆川仪总厂有限公司、北京瑞利威尔有限公司、霍尼韦尔公司等。

2.10　流量传感器

流量传感器主要用于测量管道或明渠中液体或气体的流量，常见的流量传感器有涡轮式、涡街式、电磁式、超声波式、转子式等。最简单的流量传感器为流量开关，流量开关的作用是当流量大于某一设定值时，触点开关发生动作。涡轮式流量传感器是利用管道中的液体对涡轮的冲击作用，流量越大转速越快，通过测量涡轮的转速及已知的管道直径来计算流量的，家中常见的水表基本上都是涡轮式的。涡街式流量传感器是用流体流过测量棒时在测量棒的后方形成旋涡，流量大则形成的旋涡就多，通过测量旋涡的多少及已知的管道直径即可测出流量。电磁式流量传感器是利用液体流过带有感应线圈的管道时，因液体流速不同而使电磁参数发生不同的变化，从而测出液体的流量。超声波式流量传感器由发射探头和接收探头组成，管道内液体的流动对管道内超声波的声速产生影响，通过测量超声波接收探头测出的声速变化来测量液体流速，同时根据已知的管道直径从而得出管道中液体的流量值。转子式流量传感器类似于在玻璃管中放入浮子（转子），流量大时浮子就升高，转子式流量传感器一般用于直接观测。流量传感器的主要参数是测量范围、流体最低流速、输出信号类型、防护等级、防爆要求等，对于工程技术人员尤其要注意最低流速的要求，否则在小流量时测量出的流量结果可能出现较大误差。能输出标准信号 0～10mA、4～20mA、0～5V、1～5V 的流量传感器称流量变送器。流量传感器的外形如图 2-10 所示。

常见型号：LWQ、LU、LDG 等。
生产厂家：天津天仪集团仪表有限公司、上海光华仪表有限公司、美国康创公司等。

图 2-10　流量传感器

2.11　成分分析传感器

　　成分分析传感器因测量种类较多而很复杂，有 pH 值分析仪、浊度仪、电导仪、余氯分析仪、漏氯报警器等，外形如图 2-11 所示。成分分析传感器的形状相差很大，细节在此不再多述。成分分析传感器的主要参数为测量类型、测量范围、测量精度、反映时间、输出信号、防护等级等。

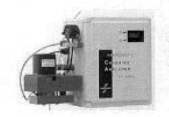  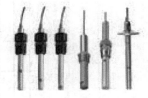

图 2-11　成分分析传感器

第 3 章 常用电气控制电路及工具

3.1 电动机起停控制电路

该电路可以实现对电动机的起停控制，并对电动机的过载和短路故障进行保护，如图 3-1 所示。

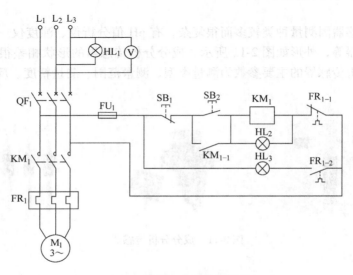

图 3-1 电动机起停控制电路

在图 3-1 中，L_1、L_2、L_3 是三相电源，信号灯 HL_1 用于指示 L_2 和 L_3 两相电源的有无，电压表 V 指示 L_1 和 L_3 相之间的线电压，熔断器 FU_1 用于保护控制电路（二次线路）避免电路短路时发生火灾或损失扩大。合上断路器 QF_1，二次电路得电，按下起动按钮（绿色）SB_2，交流接触器 KM_1 得线圈通电，交流接触器的主触点 KM_1 的辅助触头 KM_{1-1} 闭合，电动机 M_1 通电运转，由于 KM_{1-1} 触头已闭合，即使起动按钮 SB_2 抬起，KM_1 的线圈也将一直有电。KM_{1-1} 的作用是自锁功能，即使 SB_2 抬起也不会导致电动机的停止，电动机起动运行。按下停止按钮 SB_1，KM_1 的线圈断电，KM_{1-1} 和 KM_1 触头放开，电动机停止，由于 KM_{1-1} 已经断开，即使"停止"按钮 SB_1 抬起，KM_1 的线圈也仍将处于断电状态，电动机 M_1 正常停止。当电动机内部或主线路发生短路故障时，由于出现瞬间几倍于额定电流的大电流而使断路器 QF_1 迅速跳闸，使电动机主电路和二次线路断电，电动机保护停止。当电动机发生过载时，电动机电流超出正常额定电流一定的百分比，热继电器 FR_1 发热，一定时间后，FR_1 的常闭触头 FR_{1-1} 断开，KM_1 线圈断电，KM_{1-1} 和 KM_1 主触头断开，电动机保护停止。KM_1 线圈得电时，HL_2 指示灯亮说明电动机正在运行，KM_1 的线圈断电后 HL_2 灯灭，说明电动机停止运行。当 FR_1 发生过载动作，常开触头 FR_{1-2} 闭合，HL_3 灯亮说明电动机发生了过载故障。假设上述的三相交流电动机 M_1 的功率为 3.7kW，额定电流为 7.9A，工作电压为 AC 380V，则图 3-1 的元件清单见表 3-1。

表 3-1　3.7 kW 电动机起停控制电路元件清单

序号	电气符号	型号	数量	生产厂家	备注
1	HL_1、HL_2、HL_3	AD17—22	3	上海天逸	绿红黄 AC 380V
2	FU_1	RT14	1	浙江人民	2A
3	QF_1	DZ47—D10	1	浙江人民	电动机保护型
4	KM_1	CJ20—10	1	浙江人民	380V 线圈
5	FR_1	JR36—20	1	浙江人民	6.8～11A
6	SB_1、SB_2	LA42	2	上海天逸	一常开一常闭
7	V	6L2	1	浙江人民	AC 500V
8	一次线	BV	10	保定海燕	$1mm^2$
9	二次线	RV	25	保定海燕	$1mm^2$

3.2　电动机正反转控制电路

该电路能实现对电动机的正反转控制，并有短路和过载保护措施，上述功能的实现如图 3-2 所示。

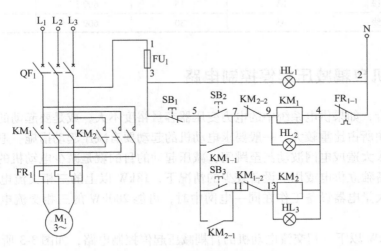

图 3-2　电动机正反转控制电路

在图 3-2 中，交流接触器 KM_1 的作用同 3.1 节的内容基本相同，而接触器 KM_2 线圈吸合后，因为将 L_1 和 L_3 二相电源线进行了对调，实现了电动机的反转运行。信号灯 HL_1 指示电源线 L_3 与零线 N 之间的相电压。按下正转起动按钮 SB_2，交流接触器 KM_1 线圈得电吸合，主触头 KM_1 和常开辅助触头 KM_{1-1} 闭合，电动机 M_1 正向运转。KM_1 的常闭辅助触头 KM_{1-2} 断开，此时即使按下反转起动按钮 SB_3，由于 KM_{1-2} 的隔离作用，交流接触器 KM_2 的线圈也不会吸合，KM_{1-2}起安全互锁作用。电动机正向起动后，反向控制交流接触器KM_2触头不会吸合，避免由于出现KM_1和KM_2的触头同时吸合而出现电源线L_1和L_3直接短路的现象。按下停止按钮SB_1，交流接触器KM_1断电，主触头KM_1和辅助触头KM_{1-1}断开，KM_{1-2}闭合，电动机M_1停止运行。按下"反向起动"按钮SB_3，交流接触器KM_2的触头吸合，主触头KM_2和辅助触头KM_{2-1}闭合，由于KM_2将电源线L_1和L_3进行了对调，电动机M_1反向运转，KM_2的常闭辅助触头KM_{2-2}断开，KM_1的线圈电路断开，此时即使正向起动按钮SB_2按下，KM_1也不会吸合，KM_{2-2}起安全互锁作用。当电动机或主电路发生短路故障时，几倍于电动机额定电流的瞬间大电流使断路器QF_1立即跳闸断电。当电动机发生过载故障时，热继电器FR_1的常闭触头断开，使KM_1或KM_2断电，从而使电动机停止。图中1、2、3、4、5、7、9、11、13为电路连接标记，称为线号，同一线号的电线连接在一起。线号的一般标注规律是：用电装置（如交流接触器线圈）的右端接双数排序，左端接单数排序。假设上述的电动机功率为15kW，则图3-2的元件清单见表3-2。

表3-2　15kW电动机正反转控制电路元件清单

序号	电气符号	型号	数量	生产厂家	备注
1	HL_1、HL_2、HL_3	K22	3	江阴长江	AC 220V 供电
2	FU_1	RT14	1	浙江德力西	3A
3	QF_1	DZ47—D40	1	浙江德力西	电动机保护型
4	KM_1、KM_2	CJ20—40	2	浙江德力西	AC 220V 线圈电压
5	FR_1	JR36—63	1	浙江德力西	28～45A
6	SB_1、SB_2、SB_3	K22	3	江阴长江	两常开一常闭
7	一次线	BV	15	609厂	6mm²
8	二次线	RV	30	609厂	1mm²

3.3　电动机自耦减压起停控制电路

在有些场合，如果供电系统中的电力变压器容量裕度不大，或是要起动的电动机的功率在该电源系统中所占比重较大，一般要求电动机的起动要有减压起动措施，避免因电动机直接起动时电流太大造成电网波动甚至跳闸，减压起动的目的就是减少电动机的起动电流。一般在电动机设备独立供电或用电设备较少的情况下，18kW以上的三相交流电动机就需要减压起动；如果大量电器设备工作在同一电网中时，可能280kW的三相交流电动机也不需要减压起动。

常见的75kW以下三相交流电动机的自耦减压起停控制电路，如图3-3所示。

在图3-3中，SA_1为电源控制开关，按下起动按钮SB_2，KM_2、KM_{2-1}、KM_3触头吸合，接触器KM_2触头吸合给自耦减压变压器通电，随后接触器KM_3触头吸合，自耦减压变压器65%（或85%）的电压输出端接到电动机M_1上，电动机在低电压下开始起动运行，KM_{3-1}触头吸合后延时继电器KT_1开始计时，延时一定时间后，KT_{1-1}触头吸合，中间继电器KA_1的触头闭合，KA_{1-2}触头闭合，KA_1自保持，KA_{1-1}断开，KM_2和KM_3线圈断电断开，KM_{3-1}断开，KT_1断电断开，KA_{1-3}触头闭合，KM_{3-2}闭合，KM_1吸合，交流电动机M_1全压运行，至此电动机进入正常运行。在图3-3中，电流表A通过电流互感器TA_1随时检测电动机上L_3相的电流

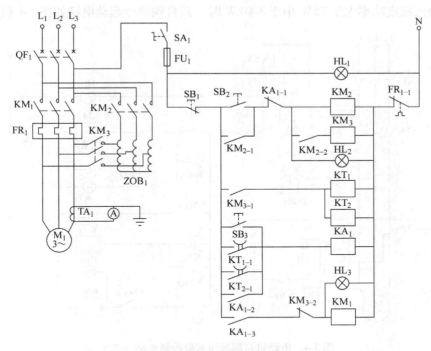

图 3-3　电动机自耦减压起停控制电路（一）

值，在减压起动过程中，如果发现起动电流已接近额定电流时，也可由人工按下全压切换按钮 SB_3，提前把电动机切换到全压运行。延时继电器 KT_1 和 KT_2 的时间设定，以电动机从起动开始到起动电流接近额定电动机的时间为基础，一般不会超过 30s。KT_2 的作用是在 KT_1 出现故障时仍能断开 KM_2 和 KM_3 线圈，切换到 KM_1 运行，一般情况下，KT_2 可以不要。HL_1 为电源指示，HL_2 为减压起动指示，HL_3 为正常运行指示。以 45kW 三相交流电动机为例列出图 3-3 的元件选型清单见表 3-3。

表 3-3　45kW 电动机自耦减压起停控制电路元件清单

序号	电气符号	型号	数量	生产厂家	备注
1	HL_1、HL_2、HL_3	K22	3	江阴长江	AC 220V
2	FU_1	RT14	1	浙江正泰	3A
3	QF_1	DZ20Y—200	1	浙江正泰	125A
4	KM_1、KM_2、KM_3	CJ20—100	3	浙江正泰	AC 220V 线圈电压
5	FR_1	JR36—160	1	浙江正泰	75 ~ 120A
6	SB_1、SB_2、SB_3	K22	3	江阴长江	一常开一常闭
7	TA_1	LMZ1—0.5	1	浙江正泰	100/5
8	A	42L6	1	浙江正泰	5/100
9	KT_1、KT_2	JS7—2A	2	浙江正泰	1 ~ 60s
10	ZOB_1	QZB—45kW	1	浙江正泰	45kW
11	一次线	BV	20	天津津成	25mm²
12	二次线	RV	60	天津津成	1mm²

当电动机额定功率大于75W小于300kW时，其自耦减压起动电路如图3-4所示。

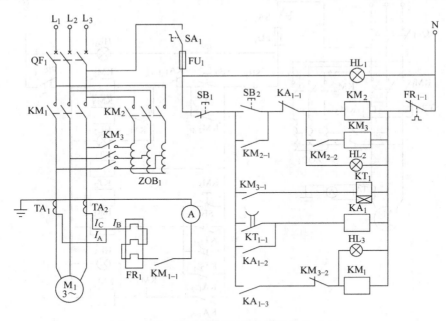

图3-4　电动机自耦减压起停控制电路（二）

图3-4的原理与图3-3差不多，需要提醒的是当电动机电流大于160A时，已经没有这么大的热继电器了，这时要利用电流互感器TA_1、TA_2和0~5A小功率的热继电器FR_1组成电动机过载保护电路，电动机M_1的三相电流I_A、I_B和I_C矢量之和为零，即$I_A + I_B + I_C = 0$，得$I_B = -(I_A + I_C)$，所以图3-4中两个电流互感器的电流之和等于中间相的电流，让该电流三次流过热继电器FR_1的主端子，产生与三相电流全接入时同样的发热效果，减压起动时KM_{1-1}不吸合，热继电器内不通过起动电流，正常运行后触头KM_{1-1}吸合，热继电器投入运行，电流表A指示中间相的电流值。注意电流互感器要和电流表配对使用，如电流互感器为100/5的，那么电流表就应选择5/100的，使电流表直接显示电动机的实际电流值。以电动机功率132kW为例，图3-4中的元件选型见表3-4。

表3-4　132kW电动机自耦减压起停控制电路元件清单

序号	电气符号	型号	数量	生产厂家	备注
1	HL_1、HL_2、HL_3	AD17—22	3	上海天逸	AC 220V
2	FU_1	RT14	1	浙江长城	3A
3	QF_1	DZ20Y—400	1	浙江长城	315A
4	KM_1、KM_2、KM_3	CJ20—250	2	浙江长城	AC 220V 线圈电压
5	FR_1	JR36—20	1	浙江长城	3.2~5.0A
6	SB_1、SB_2	LA42	2	上海天逸	一常开一常闭
7	TA_1、TA_2	LMZ1—0.5	2	浙江长城	300/5
8	A	42L6	1	浙江长城	5/300
9	KT_1	JS7—2A	1	浙江长城	1~60s

（续）

序号	电气符号	型号	数量	生产厂家	备注
10	ZOB_1	QZB—135kW	1	浙江长城	135kW
11	一次线	铜排	20	天津津成	$25 \times 3mm^2$
12	二次线	RV	60	天津津成	$1mm^2$

3.4　电动机丫-△减压起动电路

三相交流电动机有星形（丫）联结和三角形（△）联结两种接法，如图 3-5 所示，一般小功率的电动机为星形联结，大功率的电动机为三角形联结。对于需要减压起动的大功率电动机，把三角形联结改为星形联结时，由于线圈上的电压由原来的 AC 380V 降低为 AC 220V，所以起动电流将有较大的降低，三相交流电动机星形—三角形减压起动电路如图 3-6 所示。

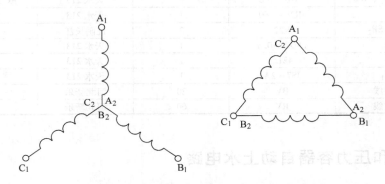

图 3-5　三相交流电动机的星形和三角形联结

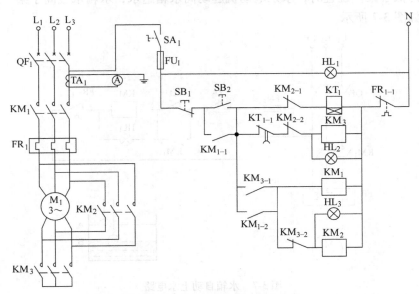

图 3-6　电动机丫-△减压起动电路

在图 3-6 中，SA$_1$ 为电源控制开关，按下起动按钮 SB$_2$，KM$_3$、KM$_{3-1}$ 触头吸合，KM$_1$ 吸合并自保持，延时继电器 KT$_1$ 延时开始，电动机为星形联结通电，线圈上的电压为 AC 220V，电动机开始起动运行，电动机绕组的线电压为 AC 220V，绕组工作在低电压下，延时继电器 KT$_1$ 延时一定时间后，KT$_{1-1}$ 触头断开，KM$_3$ 断电，KM$_{3-2}$ 闭合，继电器 KM$_2$ 线圈通电，交流电动机变为三角形联结，线圈电压工作在 AC 380V，KM$_2$ 自保持，KM$_{2-1}$ 断开，KM$_{2-2}$ 断开，KT$_1$ 断电断开，至此电动机进入正常运行。在图 3-6 中，过载时 FR$_1$ 断开，KM$_1$ 和 KM$_2$ 断电，电动机断电。电流表 A 通过电流互感器 TA$_1$ 检测电动机 L$_3$ 相的电流，HL$_1$ 为电源指示，HL$_2$ 为减压起动指示，HL$_3$ 为正常运行指示。以电动机功率等于 75kW 为例，给出图 3-6 的元件选型见表 3-5。

表 3-5　75kW 电动机丫-△减压起动电路元件清单

序号	电气符号	型号	数量	生产厂家	备注
1	HL$_1$、HL$_2$、HL$_3$	K22	3	江阴长江	AC 220V
2	FU$_1$	RT14	1	天水 213	3A
3	QF$_1$	DZ20Y—200	1	天水 213	200A
4	KM$_1$、KM$_2$、KM$_3$	CJ20—160	3	天水 213	AC 220V 线圈电压
5	FR$_1$	JR36—160	1	天水 213	100～160A
6	SB$_1$、SB$_2$	K22	2	江阴长江	一常开一常闭
7	TA$_1$	LMZ1—0.5	1	天水 213	150/5
8	A	42L6	1	天水 213	5/150
9	KT$_1$	JS7—2A	1	天水 213	1～60s
10	一次线	BV	20	河北新乐	50mm^2
11	二次线	RV	60	河北新乐	1mm^2

3.5　水箱和压力容器自动上水电路

水箱水位低于某一位置时，水泵电动机起动向水箱送水，水箱水位高于某一水位时，电动机停机，如图 3-7 所示。

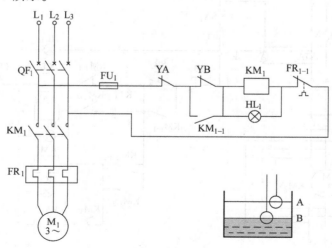

图 3-7　水箱自动上水电路

在图 3-7 中，三相电源用 L_1、L_2、L_3 来表示，YA 是高液位传感器（例如 UQK 型）的常闭触头，YB 是低液位传感器的常闭触头。当水箱液位低于最低液位时，YA 和 YB 都闭合，KM_1 吸合，电动机起动，水泵向水箱送水，KM_{1-1} 吸合，当水箱液位高于最低液位时 YB 触头断开，由于 KM_{1-1} 的自保持作用，KM_1 依然吸合，电动机继续运转；当液位高于最高液位时，YA 触头断开，KM_1 断电断开，YB 和 KM_{1-1} 都断开。随着水箱向外供水，液位下降，当低于最低水位时，又重复上述过程。

上述电路稍加变动即可用于储气压力容器的压力控制，例如要求压力容器的压力低于某一压力值 B 时，电动机带动气压机运转给压力容器充气，压力容器压力高于某一压力值 A 时，电动机停止，如图 3-8 所示。

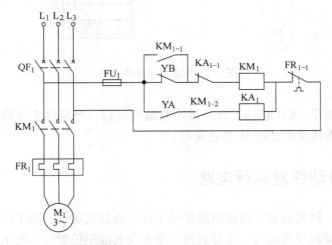

图 3-8　压力容器自动上水电路

在图 3-8 中，L_1、L_2、L_3 代表三相电源，YA 和 YB 是电接点压力表（例如 YX-150 型）的触点。YB 是低压触点，压力低于低压设定值时，触点吸合，高于低压设定值时，触点断开。YA 是高压触点，压力高于高压设定值时，触点吸合，低于高压设定值时，触点断开。低压动作值和高压动作值在电接点压力表上设定。合上断路器 QF_1，如果压力容器内的压力低于最低压力值，常闭触点 YB 闭合，交流接触器 KM_1 线圈通电，空压机的电动机 M_1 运行，KM_{1-1}、KM_{1-2} 触点吸合，当压力高于低压设定值时 YB 触点打开，由于 KM_{1-1} 的自保作用，KM_1 继续吸合，当压力高于高压设定值时，YA 触点吸合，KA_1 继电器线圈通电，KA_{1-1} 断开，继电器 KM_1 线圈断电，电动机 M_1 停止运行，KM_{1-1} 和 KM_{1-2} 断开，继电器 KA_1 线圈断电。

3.6　污水自动排放电路

污水液位高于某一液位时，排污泵电动机自动运行，污水液位低于某一液位时，排污泵电动机自动停止运行，如图 3-9 所示。

在图 3-9 中，YA 是低液位传感器的常开触点，液位低于最低液位时 YA 打开，液位高于最低液位传感器时 YA 闭合，YB 是高液位传感器的常开触点，当液位高于最高液位时，YB 闭合，KM_1 吸合，电动机 M_1 运行，排污泵将污水抽出，由于 KM_{1-1} 闭合，即使污水液位

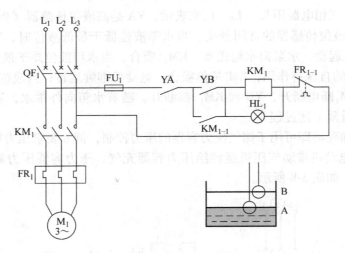

图 3-9　污水自动排放电路

低于最高液位 YB 断开，KM_1 依然吸合，排污泵继续运行，当液位低于最低液位时 YA 触点断开，KM_1 断电，排污泵电动机 M_1 停止运行。

3.7　电动机自动往复运行电路

在机床控制中，经常会要求电动机能带动工件，做往复运动，当工件到达一个方向的极限位置时，要求电动机反向运行，工件到另一个方向的极限位置时，要求电动机再做正向运动，以此往复不停运动，直到工件被加工完毕，如用电气电路实现，如图 3-10 所示。

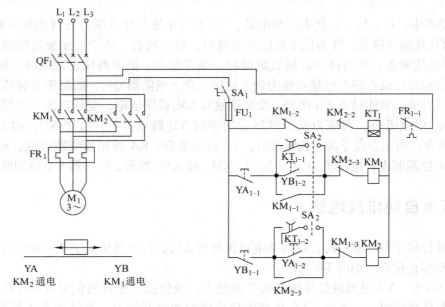

图 3-10　电动机自动往复运行电路

在图 3-10 中，YA_{1-1} 和 YA_{1-2} 是一端的限位开关（例如 YBLX-19）YA 的常闭触点和常开触点，YB_{1-1} 和 YB_{1-2} 是另一端限位开关 YB 的常闭触点和常开触点，延时继电器 KT_1 设定为 5s。合上断路器 QF_1，合上电源开关 SA_1，转换开关 SA_2（例如 LW6）转到 $-45°$，选择优先向左运动，假设工件开始处于中间某一位置，由于 YA_{1-2} 和 YB_{1-2} 常开触点处于断开状态，KM_1 和 KM_2 不吸合，电动机不动作，KM_{1-2} 和 KM_{2-2} 闭合，延时继电器 KT_1 通电，5s 时间后 KT_{1-1} 闭合，KM_1 吸合，电动机先向左运动；KM_{1-1} 闭合，KM_1 自保持，KM_{1-2} 断开，KT_1 断电，KT_{1-1} 断开。当电动机到达限位开关 YA 时，YA_{1-1} 断开，KM_1 断电，电动机停止，YA_{1-2} 闭合，KM_2 吸合，电动机向右运动；当工件到达限位开关 YB 时，YB_{1-1} 断开，KM_2 断电，电动机停止运动；YB_{1-2} 闭合，KM_{2-3} 闭合，KM_1 吸合，电动机向左运动，以此往复运动。开关 SA_1 断开，电动机彻底停止运动，当 SA_2 旋转 $+45°$；选择优先向右运动，过程基本相同。

3.8 电动阀门控制电路

在液体与气体输送场合，有时需要用电动阀对流体的流动进行控制，按下打开阀门按钮，阀门电动机朝打开方向运动，阀门全开后，电动机自动断电；按下关闭阀门按钮，阀门电动机朝阀门关闭方向运动，阀门全关后，电动机自动断电。任何时间只要按下停止按钮，电动机马上停止，其电路控制如图 3-11 所示。

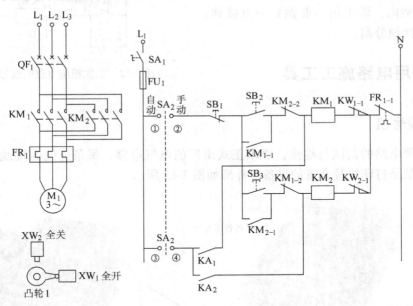

图 3-11　电动阀门控制电路

在图 3-11 中，①、②、③和④为转换开关 SA_2 的端子，将 SA_2 转到"手动"位置时，①和②接通。按下阀门打开按钮 SB_2，KM_1 吸合，电动机 M_1 带动涡轮涡杆运行，凸轮 1 顺时针运动，当凸轮 1 运动到"开"位置时，阀门全开，按下限位开关 XW_1，XW_{1-1} 断开，电动机自动停止。按下阀门关阀按钮 SB_3 时，KM_2 吸合，L_1 和 L_3 对调，电动机 M_1 反向运行，凸轮 1 逆时针运动，当凸轮 1 运动到"关"位置时，阀门全关，按下限位开关 XW_2，XW_{2-1} 断开，同时电动机停止运行。任何位置只要按下"停止"按钮 SB$_1$，无论 KM$_1$ 还是 KM$_2$ 都将断电，电动机 M$_1$ 停止运行。将功能切换开关 SA$_2$ 转到"自动"位置时，①和②断开，③和④接通，上述的手动按钮 SB$_1$、SB$_2$ 和 SB$_3$ 不再起作用。可编程序控制器的 KA$_1$ 和 KA$_2$ 触点控制阀门的开、关和停。KA$_1$ 闭合，阀门打开，KA$_2$ 闭合；阀门关闭，KA$_1$ 和 KA$_2$ 均断开，阀门停止运动。

3.9　控制柜内电路的一般排列和标注规律

　　为便于检查三相动力线布置的对错，三相电源 ABC 在柜内按上中下、左中右或后中前的规律布置，ABC 三相对应的色标分别为黄绿红，在制作电气控制柜时要尽量按规范布线。

　　二次控制电路的线号，一般的标注规律是：用电装置（如交流接触器）的右端接双数排序，左端接单数排序，如图 3-12 所示。

　　动力线与弱电信号线要尽量远离，如传感器、可编程序控制器、（DCS）集散控制系统、PID 控制器等设备的信号线，如果不能做到远离，要尽量垂直交叉，弱电线缆最好单独放入一个金属桥架内，弱电信号要做到一点接地，且与强电的接地分离。

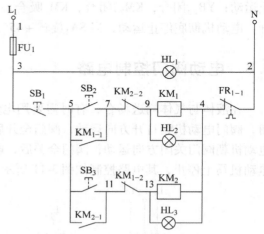

图 3-12　二次控制电路的线号编排

3.10　常用电路施工工具

3.10.1　线号机

　　为了方便电路的调试与检修，要求正式出厂的电气电路，每条连线的接线侧都要有线号，线号机就是打印线号套管的设备，外形如图 3-13 所示。

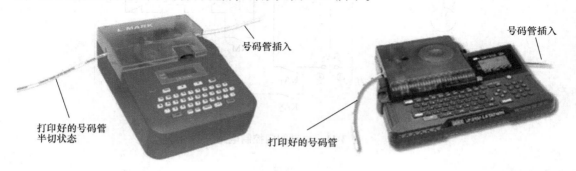

号码管插入

号码管插入

打印好的号码管
半切状态

打印好的号码管

图 3-13　线号机

3.10.2　压线钳

　　为了电线连接的可靠与方便，二次电路电线的每端接头最好要用压线钳压接一个冷压接线端头，冷压接线端头有圆形、U 形、插针形等，在一次电路的接头处冷压油堵铜鼻子或焊接一个开口铜鼻子。压线钳、冷压接线端头、铜鼻子的外形如图 3-14 所示。

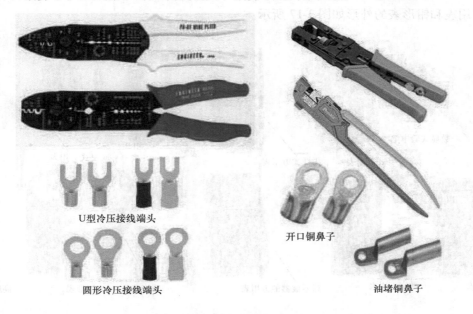

图 3-14　压线钳

3.10.3　剥线钳

剥线钳用于将带绝缘外层的细电线导线剥出一定距离的裸露导线，以备接线使用。有些剥线钳可以调节剥出距离，有些剥线钳需要人工掌握剥出距离，剥线钳的外形如图 3-15 所示。

3.10.4　斜口钳

斜口钳用于剪断较细的电线或元件的管脚，其外形如图 3-16 所示。

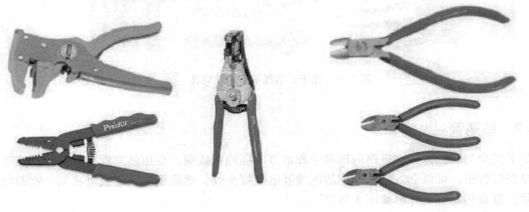

图 3-15　剥线钳　　　　　　　　　　　　　图 3-16　斜口钳

3.10.5　万用表和钳形表

万用表和钳形表的外形如图 3-17 所示。

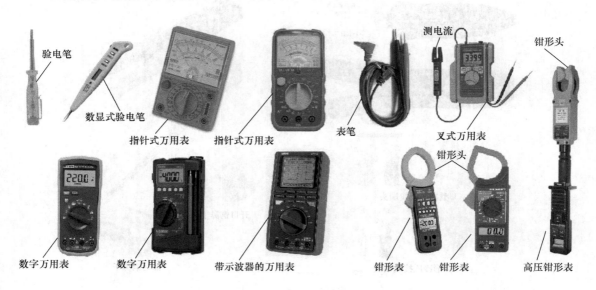

图 3-17　万用表和钳形表

3.10.6　钳子、活扳手和螺钉旋具（俗称起子）

钳子、活扳手和螺钉旋具外形如图 3-18 所示。

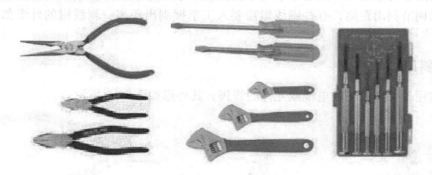

图 3-18　钳子、活扳手和螺钉旋具

3.10.7　热塑管

为了安全与防护，一次电路的铜鼻子和信号电缆的剥线侧，要用热缩管进行保护。热塑管在冷态时较粗，可以套入需要保护的电线及电缆接头处，然后用热风枪或电吹风一吹即收缩套紧。整盘热缩管的外形如图 3-19 所示。

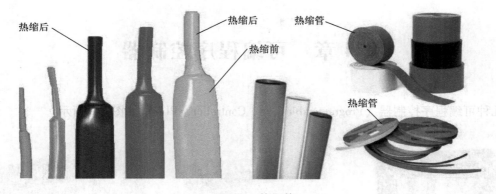

图 3-19　热塑管

第4章 可编程序控制器

几种可编程序控制器（Programmable Logic Controller，PLC）如图 4-1 所示。

图 4-1 PLC 的外形

在第 3 章电动阀门的控制电路图 3-11 中，阀门电动机打开动作有以下几个条件：1）停止按钮 SB_1 没有动作，处于常闭状态；2）常开按钮 SB_2 按下，SB_2 闭合或 KM_1 已经吸合；3）阀门开限位开关 XW_1 没有动作，XW_{1-1} 闭合；4）无过载信号，FR_1 闭合。这些条件就构成了电动机打开阀门（KM_1 吸合）的逻辑关系："SB_1 闭合"，"SB_2 闭合或 KM_1 吸合"，"FR_1 闭合"，"XW_{1-1} 闭合"，这 4 个条件都满足时，则 KM_1 吸合，电动机运行打开阀门。PLC 就是为了模仿类似这些逻辑关系和动作而发明的，PLC 不需要用电路来实现这些逻辑关系，而是用软件的方式来实现，上述逻辑关系在 PLC 中用梯形图表示，如图 4-2 所示。

在图 4-2 中，SB_1、XW_{1-1}、FR_1 的符号为常闭触点，SB_2 和 KM_{1-1} 的符号为常开触点，由于 PLC 不再用实际的连线来实现这些逻辑，所以各种逻辑关系的修改十分简单，在 PLC 的编程器上修改一下程序，下载到 PLC 内就行了。

图 4-2 梯形图示例

PLC 常用编程方法有梯形图和语句表两种，两者的结果是一样的，只是表达方式不同，梯形图与电气图的表达方式较接近，为了让初学者快速掌握，我们下面采用梯形图来讲述 PLC。

4.1 梯形图编程方法

4.1.1 逻辑"与"指令

只有 A "与" B 两个条件都满足，C 才有输出，在 PLC 中的程序如图 4-3 所示，"与"逻辑关系见表 4-1。

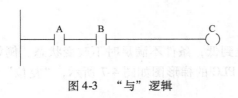

图 4-3　"与" 逻辑

表 4-1　指令 "与" 逻辑关系表

A	B	C
0	0	0
0	1	0
1	0	0
1	1	1

4.1.2　逻辑 "或" 指令

I1.0 "或" I1.1 有一个条件满足，则 Q8.0 就有输出，PLC 的梯形图如图 4-4 所示，"或" 逻辑关系见表 4-2。

图 4-4　"或" 逻辑

表 4-2　指令 "或" 逻辑表

I1.0	I1.1	Q8.0
0	0	0
0	1	1
1	0	1
1	1	1

4.1.3　立即输出指令

（ ）表示立即输出，其前面的条件满足就输出逻辑 1（或高），条件不满足就输出逻辑 0（或低），在 PLC 中的梯形图如图 4-5 所示，"立即输出" 逻辑关系见表 4-3。

表 4-3　指令 "立即输出" 逻辑关系表

I1.0	M8.5
0	0
1	1

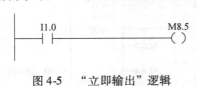

图 4-5　"立即输出" 逻辑

4.1.4　置位指令

置位（S）表示其前面的条件满足时就置 1（动作）；其前面的条件不满足时，维持原来的状态（高还是高，低还是低），不产生任何动作。例如，A "与" B 满足条件时，C 有置位动作，PLC 的梯形图如图 4-6 所示，"置位" 逻辑关系见表 4-4。

表 4-4　指令 "置位" 逻辑关系表

A	B	C
0	0	不变
0	1	不变
1	0	不变
1	1	1

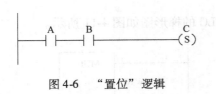

图 4-6　"置位" 逻辑

置位（S）输出同立即输出（ ）的区别在于，立即输出（ ）前面条件不满足时输出低（0）；而对于置位输出（S），其前面条件不满足时，不改变输出的状态。

4.1.5　复位"（R）"Reset

复位输出（R）其前面的条件满足时，就复位到低，条件不满足时不改变状态。例如，I128.0 和 Q12.0 满足条件时，Q12.7 复位到低位，PLC 的梯形图如图 4-7 所示，"复位"逻辑见表 4-5。

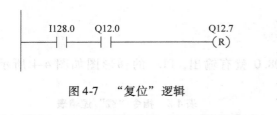

图 4-7　"复位"逻辑

表 4-5　指令"复位"逻辑关系表

I128.0	Q12.0	Q12.7
0	0	不变
0	1	不变
1	0	不变
1	1	0

4.1.6　数据传送指令（MOV）

如果想把模拟量 AIW256 放入存储器 MW0 中，PLC 的梯形图如图 4-8 所示。

4.1.7　加法指令（ADD）

如果想把存储器 MW2 和 MW4 中的数值相加，结果放到数据块 DB1 的 DBW0 中去，PLC 的梯形图如图 4-9 所示。

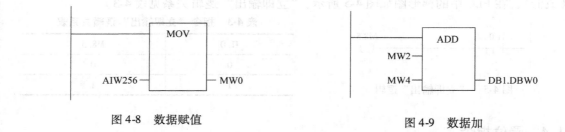

图 4-8　数据赋值　　　　　　　　　　图 4-9　数据加

4.1.8　减法指令（SUB）

如果把 MW6 减去 DB1.DBW2，结果存入 MW8，PLC 的梯形图如图 4-10 所示。

4.1.9　乘法指令（MUL）

如果把数据 MW10 乘 MW0，结果存入 MW2，PLC 的梯形图如图 4-11 所示。

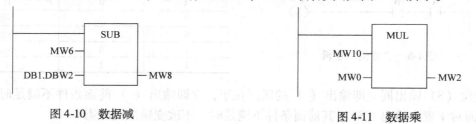

图 4-10　数据减　　　　　　　　　　图 4-11　数据乘

4. 1. 10 除法指令（DIV）

如果数据 DB1. DBW4 除以 DB2. DBW4，结果放入 DB3. DBW4，PLC 的梯形图如图 4-12 所示。

4. 1. 11 计数器 C（Counter）

如果 I0. 0 每有一个上升沿脉冲，计数器 C2 加 1，I0. 1 高则计数器清零，MW0 存储当前的计数器值，计数器 C2 为加计数器，则 PLC 的梯形图如图 4-13 所示。

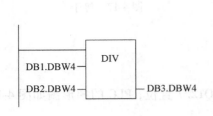

图 4-12 数据除

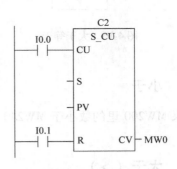

图 4-13 加计数器

如果 I0. 0 每有一个上升沿，计数器 C2 减 1，I0. 1 高则计数器清零，I0. 2 高则将 MW2 中的数放入计数器，MW0 存当前的计数器值，计数器 C2 为减计数器，PLC 的梯形图如图 4-14 所示。

4. 1. 12 定时器 T（Timer）

如果 M0. 0 和 DB1. DBX2. 0 都为高，则定时器 T4（3s）起动，T4（3s）到时间后，将 M0. 1 复位，PLC 的梯形图如图 4-15 所示。

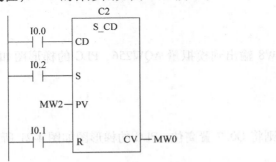

图 4-14 减计数器

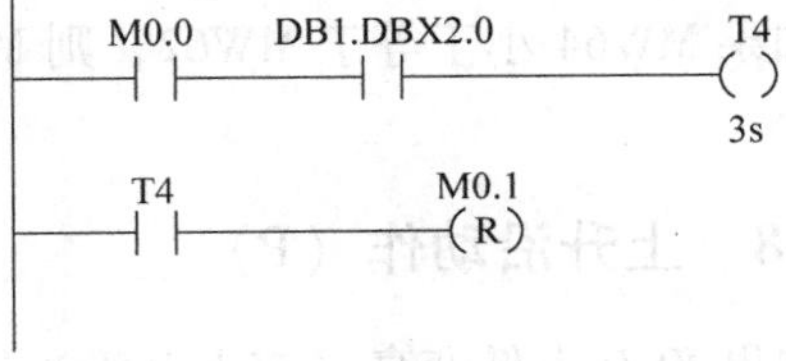

图 4-15 定时器

4. 1. 13 大于等于（≥）

如果 MW6 大于或等于 MW256 则将 M0. 7 置位，PLC 的梯形图如图 4-16 所示。

4.1.14　等于（＝）

如果内部数据区 VW128 里的数等于 VW2，则把 VW4 放入 VW100，PLC 的梯形图如图 4-17 所示。

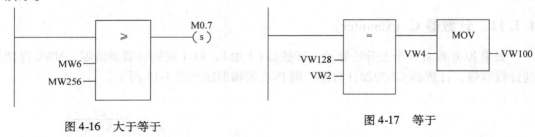

图 4-16　大于等于　　　　　　　　　　　　　图 4-17　等于

4.1.15　小于

如果 MW200 里的数小于 MW240 里的数，则将 Q12.7 置位，PLC 的梯形图如图 4-18 所示。

4.1.16　大于（＞）

如果 MW128 大于 MW0，则 MW128 减 1，放回 MW128，PLC 的梯形图如图 4-19 所示。

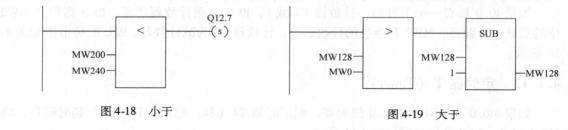

图 4-18　小于　　　　　　　　　　　　　图 4-19　大于

4.1.17　小于等于（≤）

如果 MW64 小于等于 MW62，则 MW8 输出到模拟量 AQW256，PLC 的梯形图如图 4-20 所示。

4.1.18　上升沿动作（P）

如果 I0.0 由低变高（有上升沿），则将 Q0.7 置高位，PLC 的梯形图如图 4-21 所示。

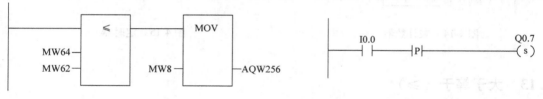

图 4-20　小于等于　　　　　　　　　　　　图 4-21　上升沿动作

4.1.19 下降沿动作（N）

如果 M0.0 和 M1.1 由满足条件变为不满足条件（下降沿动作），则将 MW8 减 1 放回 MW8，PLC 的梯形图如图 4-22 所示。

4.1.20 秒脉冲程序

编一个秒脉冲程序，让 M127.0 每秒变高一次，并且只执行一次，PLC 的梯形图如图 4-23 所示。

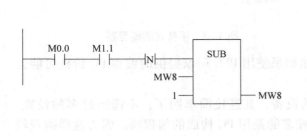

图 4-22 下降沿动作

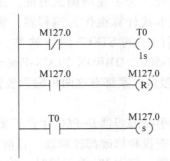

图 4-23 秒脉冲程序

PLC 程序的工作顺序是从上到下顺序执行的，程序执行到底后再返回到最上面的程序，本例梯形图中 M127.0 位，每秒变高一次，而此高状态只维持一个从上到下的 PLC 工作周期，M127.0 又变为低，T0 定时器重新计时开始；1s 后，T0 变高，M127.0 变高，程序向下执行一直到底，M127.0 一直是高状态，程序返回最顶端后再从上往下执行，由于 M127.0 为高，则 T0 停止计时工作，M127.0 高则复位变低，T0 变低，所以 M127.0 只维持一个程序循环。

4.1.21 PID 闭环控制

PLC 中可以进行 PID 闭环控制，PLC 的梯形图如图 4-24 所示，图中 M0.0 闭合时，PID 控制开始。PID 的数量依依据 PLC 的不同而有所不同。在 PLC 中应用 PID 时，定义好输入地址、输出地址、设定值存放地址，再定义好 P、I、D 参数对应存放的数据块地址，以备人机界面或上位机上操作人员可以根据现场实际情况进行修改，然后把 PID 控制的正反作用（比如加热和制冷控制）、采样周期、最大输出、最小输出等参数设定好（不同的 PLC 会有所不同），这时 PID 就可以使用了。

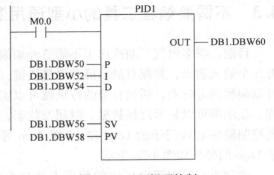

图 4-24 PID 闭环控制

4.2　编程器及快速熟悉编程的方法

　　PLC 的编程器有两种，一种是小型手持式的编程器，主要用于小型 PLC 的编程，如图 4-25 所示。将手持式编程器插到 PLC 上的编程口既可以直接编程（不同型号的 PLC 使用方法会有所不同，不过大同小异），另一种是用普通的 PC 装上编程软件进行编程，为了现场调试方便，多数使用笔记本式计算机作为编程器，编程软件有西门子的 STEP7 编程软件、AB 的 RSLogix500、OMRON 的 CX-Program-

图 4-25　手持式的编程器

mer 等，很多厂家都有这两种编程装置，当然如果使用 PLC 厂家提供的编程 PC 价格可能会较高。

　　一般手持编程器是 PLC 生产厂家配套的设备，其连接简单明了，不需要过多的设置，但是程序查找和修改都较麻烦。目前，使用较多的是用 PC 构成的编程器，因为这样编程较灵活和方便，使用 PC 编程器时，首先应设置用哪个通信口、什么通信协议、什么通信转换器及所用 PLC 的类型等，只有通信连接正常后才可以进行下面的工作。

　　当编程器与 PLC 连接完成后，可以用下面的方法快速熟悉 PLC 编程：

　　1）先看 PLC 如何定义开关量输入，与开关量输入模块的位置关系怎样？如 I0.0、I0.1 等。

　　2）再看 PLC 如何定义开关量输出，与开关量输出模块的位置关系怎样？如 Q12.0、Q12.1 等。

　　3）然后，看 PLC 如何定义模拟量输入，与模拟量输入模块的位置关系怎样？如 AIW256、PIW256 等。

　　4）最后，看 PLC 如何定义模拟量输出，与模拟量输出模块的位置关系怎样？如 AQW256、PQW256 等。

4.3　不需要编程工具的小型通用逻辑模块

　　目前，很多电气厂商推出了不需要外加编程工具的小型通用逻辑模块，这种模块自身带有几个输入输出，并配有显示屏和少量按键，内部有一些可以编程的定时器，通过自身的按键就可以实现简单的编程，显示屏可以显示过程数据、时间及状态，这类通用逻辑控制模块有西门子的 Logo 和 AB 的 Pico 等，其中西门子 Logo 的外形如图 4-26 所示。

　　这种小型通用逻辑模块的编程方法与小型 PLC 差不多，只是运算功能相对弱，但它的使用方法也很简单，一般这种通用逻辑模块也支持用 PC 进行编程。

图 4-26　小型通用逻辑模块外形

4.4　S7-200 小型 PLC 的快速入门

4.4.1　目的

以 S7-200 为例，掌握小型可编程序控制器 PLC 的基本使用方法。

4.4.2　需要掌握的要领

1）S7-200 可编程序控制器输入输出信号的定义。

2）S7-200 可编程序控制器的编程方法。

4.4.3　S7-200 系列 PLC 的外形

S7-200 系列 PLC 可编程序控制器的外形如图 4-27 所示。

图 4-27　S7-200 可编程序控制器外形

4.4.4　中央处理单元（主模块）各部分的功能

S7-200 系列 PLC 可编程序控制器中央处理单元(主模块)各部分的功能如图 4-28 所示。

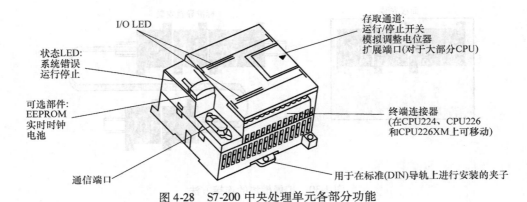

图 4-28　S7-200 中央处理单元各部分功能

4.4.5　扩展模块的外形

S7-200 系列 PLC 可编程序控制器部分扩展模块的外形如图 4-29 所示。

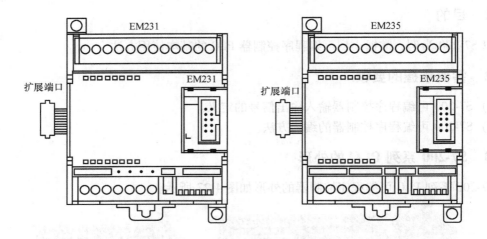

图 4-29　部分扩展模块

4.4.6　扩展模块的连接方法

S7-200 系列 PLC 可编程序控制器扩展模块的连接方法如图 4-30 所示。

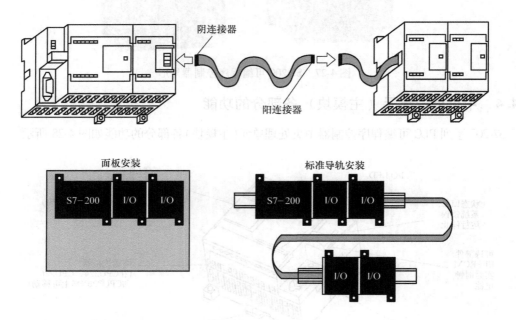

图 4-30　扩展模块的连接方法

4.4.7　中央处理单元的接线方法及 I/O 地址

S7-200 系列可编程序控制器中央处理单元有 CPU221、CPU222、CPU224 和 CPU226 等，CPU221 为 4 个数字输入 6 个继电器（或 DC）输出，CPU221 无 I/O 扩展能力，CPU222 为 8 个数字输入 6 个继电器（或 DC）输出，CPU222 可以扩展 2 个 I/O 模块，CPU224 为 14 个数字输入 10 个继电器（或 DC）输出，CPU224 可以扩展 7 个 I/O 模块，CPU224XP 为 14 个数字输入、10 个继电器（或 DC）输出、2 个模拟量输入和 1 个模拟量输出，CPU224XP 可以扩展 7 个 I/O 模块，CPU226 为 24 个数字输入 16 个继电器（或 DC）输出，CPU226 可以扩展 7 个 I/O 模块，其中 CPU226 继电器输出方式的接线如图 4-31 所示。

在图 4-31 中，数字输入端子侧的 0.0 ~ 1.7 代表数字量输入地址 I0.0 ~ I1.7，数字输出端子侧的 0.0 ~ 1.7 代表数字量输出地址 Q0.0 ~ Q1.7。数字量输入侧的 1M 和 2M 为输入公共端，输入端相并联的 2 个发光二极管一个正接一个反接，所以 1M 和 2M 既可以接 0V 也可以接 DC 24V，在图 4-31 中，1M 接 DC 24V，则输入端 I0.0 ~ I1.4 与 0V 闭合连接为输入接通，2M 接 0V，则输入端 I1.5 ~ I2.7 与 DC 24V 闭合连接为输入接通。数字量输出侧的 1L、2L 和 3L 为无电压触点的输出公共端，1L、2L 和 3L 既可以接直流电路或也可以接交流电路，PLC 有输出，表明输出公共端与输出端接通。

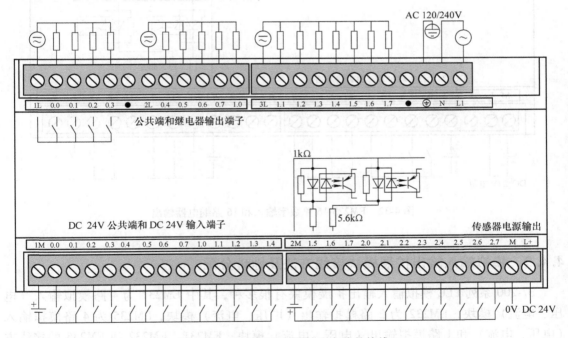

图 4-31　CPU226 继电器输出方式的接线

4.4.8　数字输入输出扩展模块接线方法及地址分配

S7-200 系列 PLC 数字量（开关量）输入输出扩展模块有很多种，其中 EM221 为 8 路 DC 24V 数字输入模块，EM222 为 8 路继电器（或 DC 24V）输出模块，EM223-8 路 DC 24V

数字输入和8路继电器（或DC 24V）输出模块，EM223-16路数字输入和16路继电器（或DC 24V）输出模块。其中EM223-16路数字输入和16路继电器输出的接线方法如图4-32所示。

在图4-32中，M和L+接DC 24V电源，数字输入端子侧的.0~.7对应的数字量输入地址与该模块在系统中的位置有关，如果与中央处理单元之间无其他数字输入输出扩展模块，则对应数字输入地址为I2.0~I3.7，数字输出端的.0~.7对应的数字量输出地址与该模块在系统中的位置有关，如果与中央处理单元之间无其他数字输入输出扩展模块，则对应数字输出地址为Q2.0~Q3.7；其他位置时，地址按数字输入输出扩展同类模块的先后顺序依次排列。

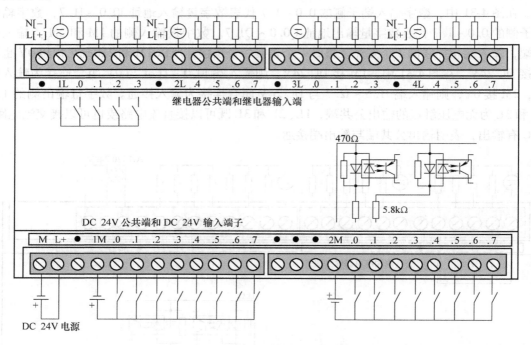

图4-32　EM223-16路数字输入和16路继电器输出

4.4.9　模拟输入输出扩展模块接线方法及地址分配

S7-200系列PLC模拟输入输出扩展模块有很多种，其中EM231为4路模拟输入（电压、电流）模块，EM232为2路模拟输出（电压、电流）模块，EM235为4路模拟输入（电压、电流）和1路模拟输出（电压、电流）模块，EM231、EM232和EM235的接线方法如图4-33所示，模拟输入输出扩展模块的地址与中央处理单元的类型和该模块在系统中的位置有关。对于CPU224XP，因为中央处理单元本身带有模拟输入输出，第一个模拟扩展模块的模拟输入地址从AIW4开始，模拟输出地址从AQW4开始；对于CPU222、CPU224和CPU226，第一个模拟扩展模块的模拟输入地址从AIW0开始，模拟输出地址从AQW0开始；其他位置时，地址按模拟扩展模块的先后顺序依次排列，需要注意的是，模拟地址的排列没有单数，只有0、2、4、6、8等，对于输入为AIW0、AIW2、AIW4等，对于输出为AQW0、

AQW2、AQW4 等。

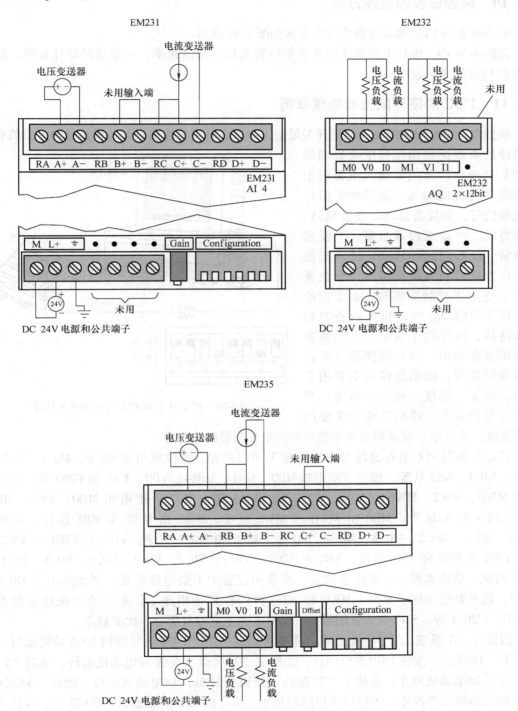

图 4-33　EM231、EM232 和 EM235 的接线方法

4. 4. 10　编程设备的连接方式

S7-200 系列 PLC 编程设备的连接方式如图 4-34 所示。

在图 4-34 中，编程电缆中拨码开关的位置决定了通信速率，一定要保证计算机、编程电缆和 PLC 的通信速率一致。

4. 4. 11　PLC 的硬件配置与编程举例

根据实际被控对象需要控制的开关量输入点数、开关量输出点数、模拟量输入点数和模拟量输出点数配置相应的中央处理单元和扩展模块。开关量输入主要用于接收设备的控制输入、运行状态信号和报警信号，如设备起动、设备预热、设备待机、电动机过载报警、滑板越位报警、设备之间的联动、过电流报警、压力报警和温度报警等；开关量输出主要用于控制变频器、直流调速器、伺服控制器、电动机等设备的起停和待机、运行顺序指示、工艺参数超范围报警输出、多机联锁运行不正常报警输出等；模拟量输入主要用于压力、流量、温度、成分、转速、照度等信号的采集，模拟量输出主要用

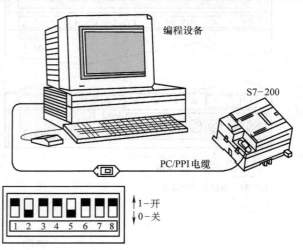

图 4-34　S7-200 系列 PLC 编程设备的连接

于控制阀门的开度、变频器的频率输出和伺服控制器的速度等。

S7-200 系列 PLC 有存储器 M 和数据区 V 可以使用，按位使用如 M0.0、M0.1、M63.0、V0.0、V0.1、V63.0 等，按字节使用如 MB0、MB1、MB64、VB0、VB1 和 VB63 等，按字使用如 MW0、MW2、MW64、VW0、VW2 和 VW64 等，按双字使用如 MD0、MD4、MD8、VD0、VD4 和 VD8 等。MD0 由 MW0 和 MW2 组成，MW0 由 MB0 和 MB1 组成，MB0 由 M0.0、M0.1、M0.2、M0.3、M0.4、M0.5、M0.6 和 M0.7 组成。VD0 由 VW0 和 VW2 组成，VW0 由 VB0 和 VB1 组成，VB0 由 V0.0、V0.1、V0.2、V0.3、V0.4、V0.5、V0.6 和 V0.7 组成，依次类推。需要注意的是，在使用过程中不要出现重复，例如使用了 M0.0 ~ M0.7，就不要把 MB0、MB1、MW0 和 MD0 再用作其他用途了。常用的特殊功能触点有 SM0.0、SM0.1 等，SM0.0 为常闭触点，SM0.1 为上电时只吸合一次的触点。

假设有一个系统，有 5 台电动机，①要求点动一下"1#起动"按钮 1#电动机运行，点动一下"1#停止"按钮 1#电动机停止；②按下"2#起动"按钮 2#电动机运行，抬起"2#起动"按钮 2#电动机停止；③按下"3#起动"按钮延时 6s，3#电动机运行，抬起"3#起动"按钮 3#电动机立即停止；④把压力传感器信号除以 2 放入 PLC 数据区 VW102 中；⑤让 PLC 数据区 VW104 中的数据通过模拟输出控制 4#电动机的速度；⑥5#电动机分别由两个开关控制，任意一个开关闭合，5#电动机运行，两个开关都抬起时 5#电动机停止。

本系统共需要 6 个开关量输入，5 个开关量输出，1 个模拟量输入，1 个模拟量输出。

根据系统的上述要求配置 PLC 的硬件，选用一块 CPU222（8DI 和 6 继电器输出）和一块 EM235 扩展模块（4 模拟量输入 1 模拟量输出）即可完成上述功能。

当 PLC 的输入端 I0.0（第 1 路开关输入，"1#起动"按钮）闭合并且输入端 I0.1（第 2 路开关输入，"1#停止"按钮）断开时，PLC 的输出 Q0.0（第 1 路开关输出，1#电动机控制）置位（吸合）；当输入端 I0.0 断开并且输入端 I0.1 闭合时，PLC 的输出 Q0.0 复位（断开）；当输入端 I0.2（"2#起动"按钮）闭合，则 Q0.1（第 2 路开关输出，2#电动机控制）闭合，当输入端 I0.2（"2#起动"按钮）断开，则 Q0.1（第 2 路开关输出，2#电动机控制）断开；输入端 I0.3（"3#起动"按钮）闭合延时 6s，Q0.2（3#电动机控制）闭合输出；模拟输入 AIW0（0 代表第 1 路，压力传感器）存入 VW100 数据区，VW100 的数据除以 2 后放入 VW102；将 VW104 的数据从模拟输出 AQW0（0 代表第 1 路，4#电动机的速度）输出，去控制变频器的输出频率，以改变 4#电动机的速度；输入端 I0.4（5#开关 1）闭合或者 I0.5（5#开关 2）闭合则 Q0.4（5#电动机控制）闭合，输入端 I0.4（5#开关 1）和 I0.5（5#开关 2）都断开时则 Q0.4（5#电动机控制）断开。

S7-200 系列 PLC 编程软件 STEP 7 MicroWIN 正确安装后，单击"开始"→"SIMATIC"→"STEP 7-MicroWIN V4.0"→"STEP 7-MicroWIN"，如图 4-35 所示。

图 4-35　运行编程软件 STEP 7 MicroWIN

STEP 7MicroWIN 编程软件启动如图 4-36 所示。

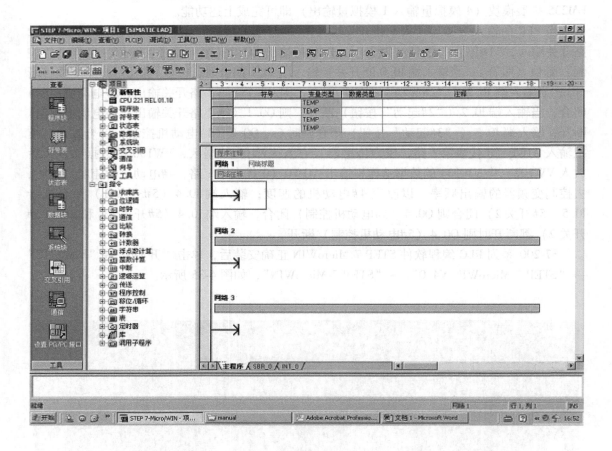

图 4-36　STEP 7 MicroWIN 编程软件启动

单击"通信"图标，如图 4-37 所示。

出现如图 4-38 所示的界面，设置 PG/PC 端口，选择所用的通信卡件，如图 4-39 所示，由于我们在图 4-34 中使用的是 PC/PPI 编程电缆，选择 PC/PPI 接口，如果是使用其他板卡进行通信，可以在该窗口选择，双击图 4-38 中右边"双击刷新"图标，搜索目前在线连接的 PLC。

假设有一地址为 2 的 CPU222 已经连接到编程设备，则找到"CPU222 PEL 02 00 地址：2"，如果有多台 PLC 联网，需要修改每台 PLC 的地址使之互不相同，修改图中"地址"栏的"远程"数值既可修改地址，只有一台 PLC 时，可以直接选用默认地址 2，如图 4-40 所示。

单击选择"程序编辑器"区，开始编程，打开"指令树"选择相应的指令拖入程序中的相应位置，也可以选择"程序编辑器"的相应位置后，双击相应的指令，如图 4-41 所示。

编写第一条指令（图中的"网络 1"），打开"指令树"选择相应的指令拖入程序中的相应位置，插入 I0.0 常开、I0.1 常闭和 Q0.0 置位指令，1#电动机起动，如图 4-42 所示。

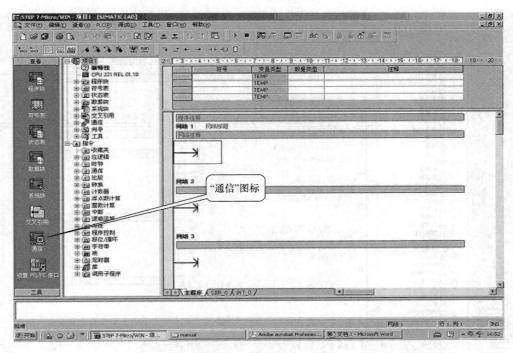

图 4-37　单击"通信"图标

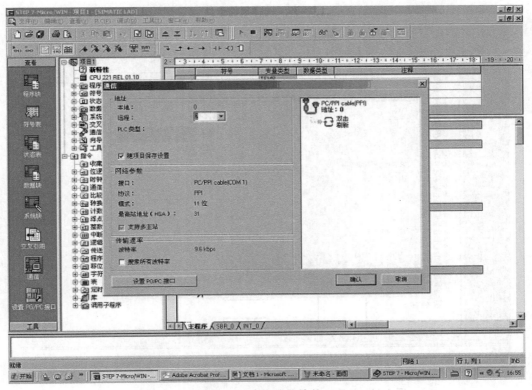

图 4-38　搜索在线连接的 PLC

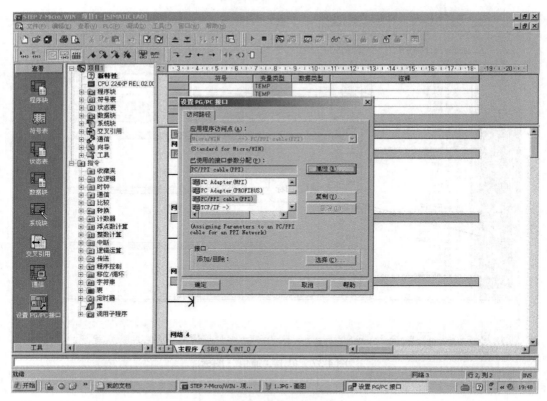

图 4-39　选择通信卡件

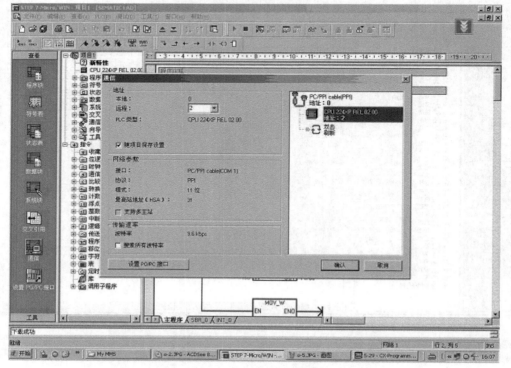

图 4-40　找到一台 PLC "CPU222 PEL 02 00 地址：2"

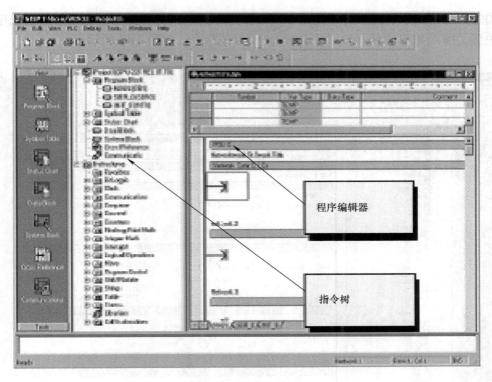

图 4-41　开始编程

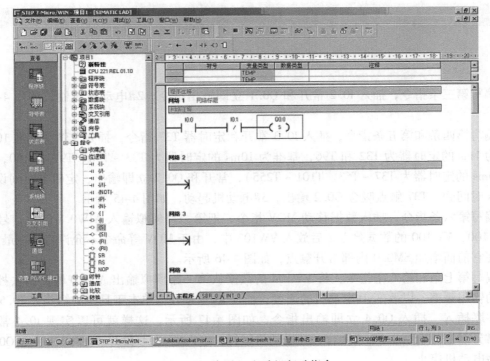

图 4-42　编写 1#电动机起动指令

编写第二条指令（图中的"网络2"），打开"指令树"选择相应的指令拖入程序中的相应位置，插入 I0.0 常闭、I0.1 常开和 Q0.0 复位指令，如图 4-43 所示。

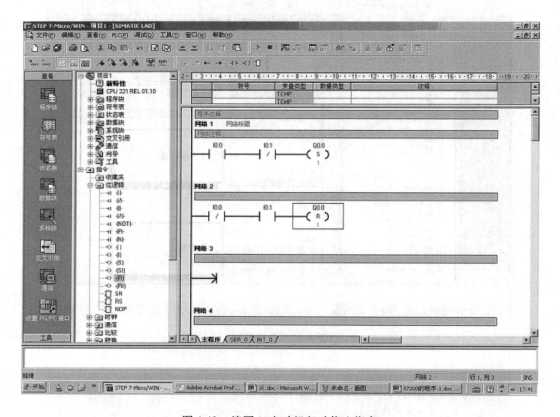

图 4-43　编写 1#电动机起动停止指令

编写第三条指令，插入 I0.2 常开和 Q0.1 立即输出指令，2#电动机控制，如图 4-44 所示。

编写第四条和第五条指令，插入 I0.3 常开和定时器 T37 指令，插入 T37（基准 100ms，基准为 1ms 的定时器为 T32 和 T96，基准为 10ms 的定时器为 T33 ~ T36、T97 ~ T100，基准为 100ms 的定时器为 T37 ~ T63、T101 ~ T255），常开和 Q0.2 立即输出，定时器时间设定为 6s，6s 时间到，T37 触点吸合 Q0.2 输出，3#电动机起动，如图 4-45 所示。

编写第六条指令，插入数据移动 MOV 指令，把第一路模拟输入 AIW0（压力信号）输入 VW100，VW100 的数据除以 2 后放入 VW102 中，由于 MOV 等命令不允许直接在最左侧，所以在它前面增加 SM0.0 内部常开触点，如图 4-46 所示。

编写第七条和第八条指令，将 VW104 的数据从第一路模拟输出 AQW0 输出，去控制变频器的输出频率，以改变 4#电动机的速度；插入 I0.4 常开，单击工具栏的箭头使 I0.5 常开触点并联插入，插入 Q0.4 立即输出指令，如图 4-47 所示，这样就可以实现 I0.4 常开或 I0.5 常开触点闭合后，Q0.4 闭合，5#电动机运行，输入端 I0.4 和 I0.5 都断开时则 Q0.4 断开，5#电动机停止。

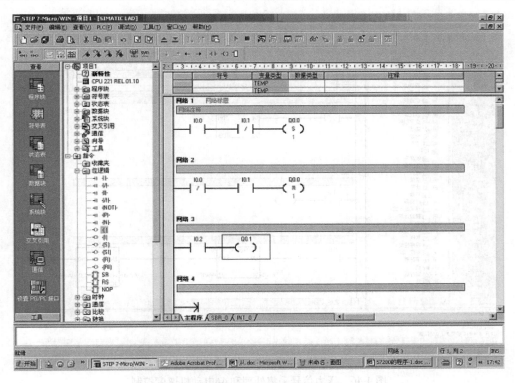

图 4-44　编写 2#电动机控制指令

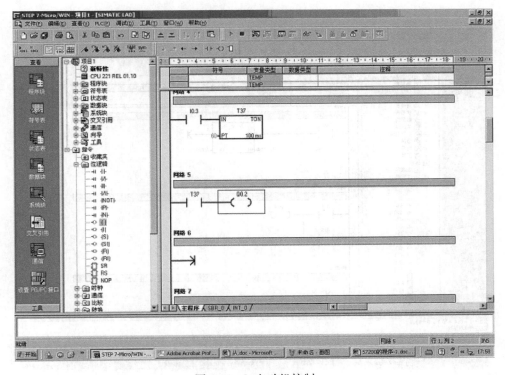

图 4-45　3#电动机控制

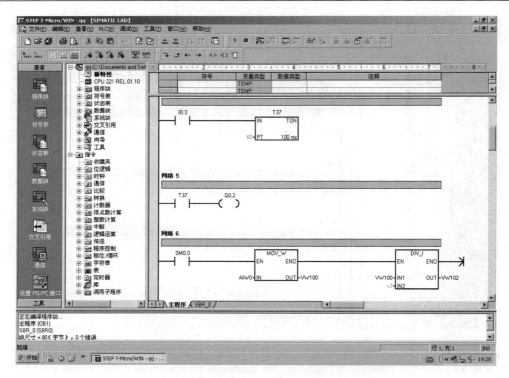

图 4-46　压力信号采集处理和 4#电动机速度控制

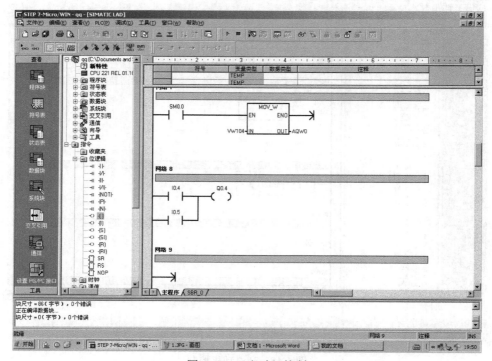

图 4-47　5#电动机控制

编程完毕，单击工具栏中的"下载"按钮，把编好的程序下载到 PLC 中，如图 4-48 所示。

程序下载完毕，单击工具栏中的"运行"按钮，PLC 的梯形图开始运行，实际使用中，将 PLC 的模式运行开关拨到"RUN"位置，就可以实现 PLC 通电后程序的自动运行，如图 4-49 所示。

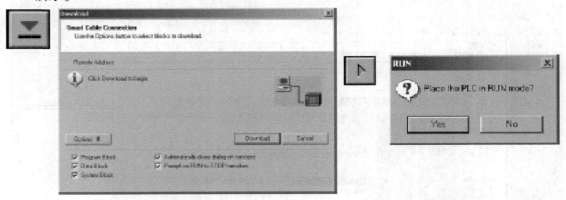

图 4-48　程序下载到 PLC　　　　　图 4-49　PLC 切换到运行模式

对于实际的控制系统，经常会碰到闭环控制问题，PLC 中的 PID 控制方法是最基本的控制手段，下面简单地说一下 S7-200 中 PID 控制的使用方法，打开菜单中"工具"的"指令向导"选项，如图 4-50 所示。

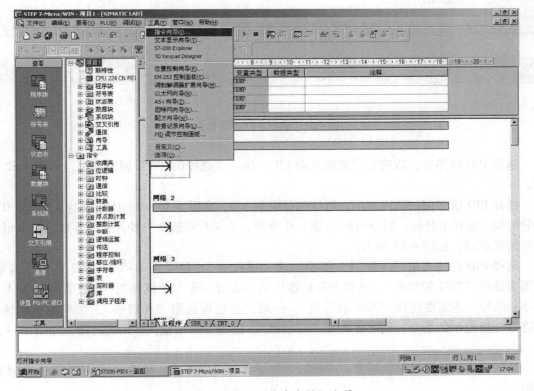

图 4-50　打开"指令向导"选项

选择"PID", 配置 PID 指令, 如图 4-51 所示, 单击下一步。

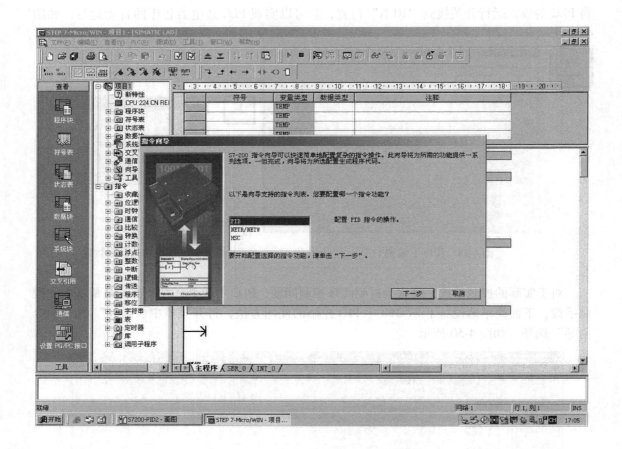

图 4-51　选择 PID 控制指令

选择 PID 回路号, 以确定配置第几路 PID, 第一次选择第"0"回路即可, 如图 4-52 所示。

选择 PID 给定值的选择范围, 默认的低限为 0.0, 高限为 100.0; 比例增益 P 选"5.0"; 积分时间 I 取 0.1 分钟; 微分时间 D 取 0.0 分钟, 采样时间选 0.1 秒, 这些参数也可以根据具体情况选择, 如图 4-53 所示。

选择 PID 的输入信号(反馈)类型, 选"单极性", 如果是 4 ~ 20mA 或 1 ~ 5V 信号, 还需要选择"20%偏移量", 选择 PID 的输出信号类型, 选"单极性", 如果是 4 ~ 20mA 或 1 ~ 5V 信号, 还需要选择"20%偏移量"。一般控制过程选用"单极性", 如果是正反转调速进行位置控制的场合, 则需要选择"双极性"。这些参数根据具体情况选择, 如图 4-54 所示。

选择输出信号是否使能报警, 一般对于初学者, 可以不选, 单击"下一步", 如图 4-55 所示。

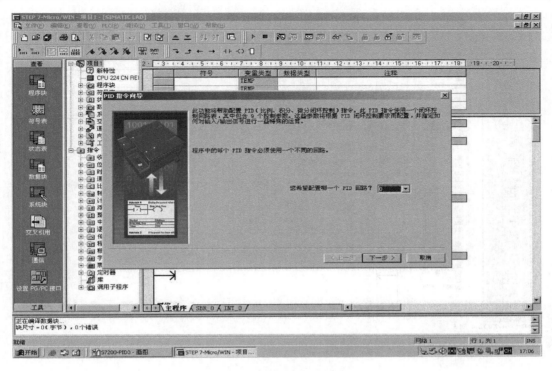

图 4-52　选择 PID 的回路号

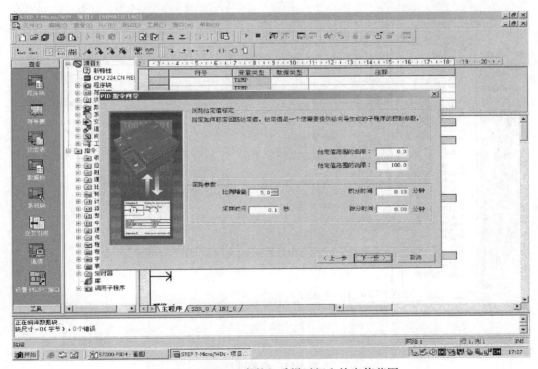

图 4-53　配置 PID 参数、采样时间和给定值范围

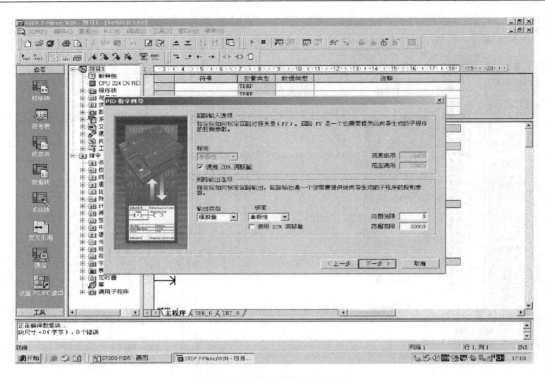

图 4-54 配置输入信号和输出信号

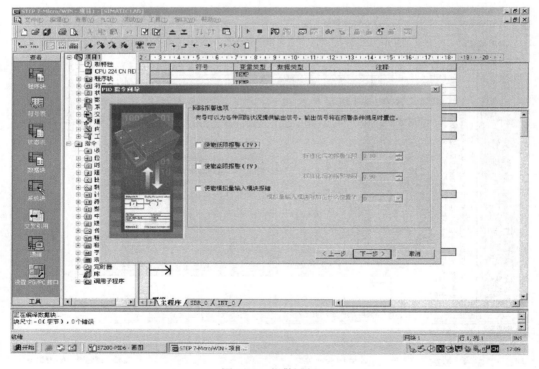

图 4-55 报警选择

选择 PID 功能块对应的存储器空间，一般采用默认值即可，也可以采用其他地址，一定要记住这些存储器空间，因为这些存储器空间不允许其他地方再使用，如图 4-56 所示。

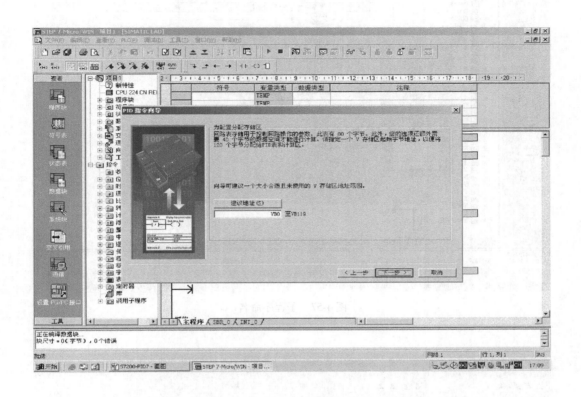

图 4-56　选择 PID 功能块对应的存储器空间

PID 的其他子程序命名可以自己定义，也可以采用默认名，选择 PID 是否有"手动"控制功能，初学者可以不改变这些选项，单击"下一步"，如图 4-57 所示。

单击"完成"，如图 4-58 所示。

提示"完成向导配置吗？"，单击"确定"，如图 4-59 所示。

在"主程序"界面，把上面建立的 PID 插入程序中，方法是：打开界面左面"指令"中的"调用子程序"，将"PID0_ INIT"插入程序中，如图 4-60 所示。

假设 AIW0 为 PID 的实际值输入（反馈）PV_ I，AQW0 为 PID 的控制输出 Out~，VD200 为 PID 的设定值 Set~（浮点数），如图 4-61 所示，这些值也可以根据您自己的习惯选择，如选 VW600 为 PID 的实际值输入（反馈）PV_ I，VW604 为 PID 的控制输出 Out ~，VD606 为 PID 的设定值，还必须把实际值 AIW0 赋值给 VW600，VW604 赋值给 AQW0，才能形成实际 PID 控制。

如果模拟输入 AIW0 信号有干扰，波动太大，可以打开界面左面的"系统块"，选择"输入滤波器"的"模拟量"，"采样数"选大一些即可，单击"确认"，如图 4-62 所示。

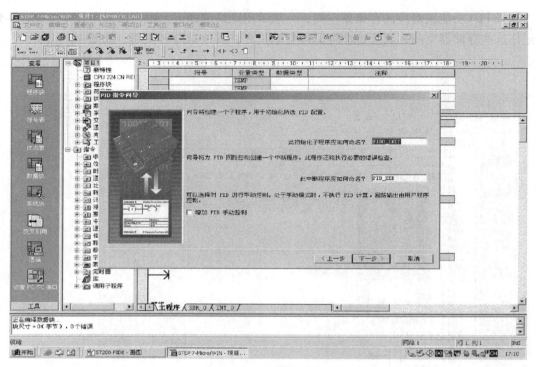

图 4-57 子程序命名

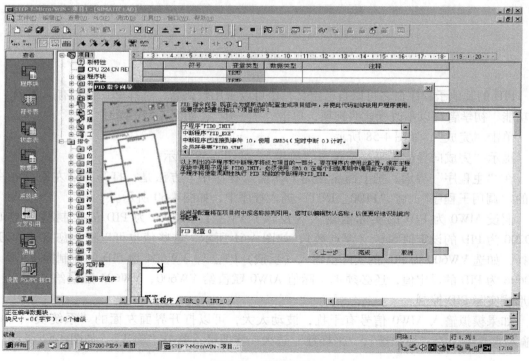

图 4-58 配置完成

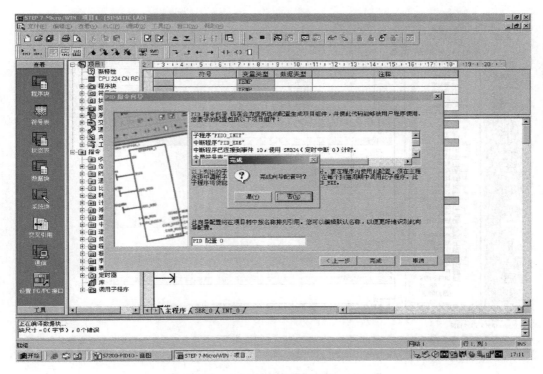

图 4-59　确认配置完成

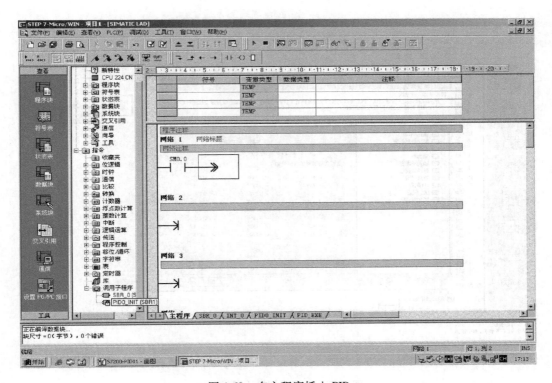

图 4-60　在主程序插入 PID

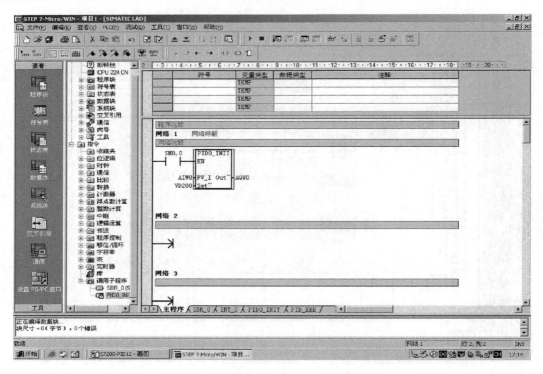

图 4-61 确定 PID 的 PV、SV 和控制输出

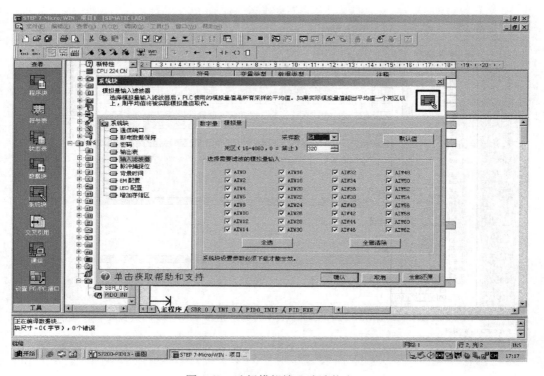

图 4-62 选择模拟输入滤波能力

如果需要 PLC 的输出在"STOP"后，保持在"某一个值"或"最后值"，打开界面左面的"系统块"，选择"输出表"的"模拟量"，选择"将输出冻结在最后的状态"或输入一个具体值即可，单击"确认"，如图 4-63 所示。

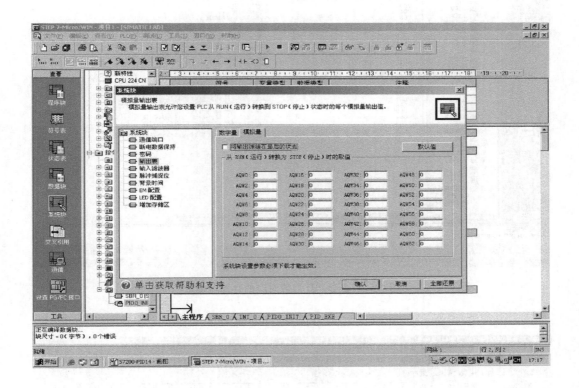

图 4-63　选择模拟输出的停车状态

打开界面左面的"数据块"，选择"PID0_ DATA"，记住 PID 参数对应的存储器地址，VD12 为回路增益 P，VD16 为 PID 的采样时间，VD20 为积分时间 I，VD24 为微分时间 D，如图 4-64 所示。

SM0.1 常开触点只在 PLC 通电后第一个循环吸合，然后断开。在 PLC 通电后程序运行的第一个循环 SM0.1 吸合，改变 PID 的采样时间 VD16 为 0.1s，插入如图 4-65 所示的程序。

假设 TD200 或触摸屏对应的 VW300 为设定值，把 VW300 的值（0~32000）转化为 PID 对应的设定值 VD200（0~100.0），方法为：先把 VW300 变为双整数，再转为实数（浮点数），除以 320.0 放入 VD200 中，如图 4-66 所示。

假设 TD200 或触摸屏对应的 VW302 为比例增益 P 设定值，把 VW302 的值（0~32000）转化为 PID 对应的比例增益 VD12（0~10.0），方法为：先把 VW302 变为双整数，再转为实数（浮点数），除以 3200.0 放入 VD12 中，如图 4-67 所示。

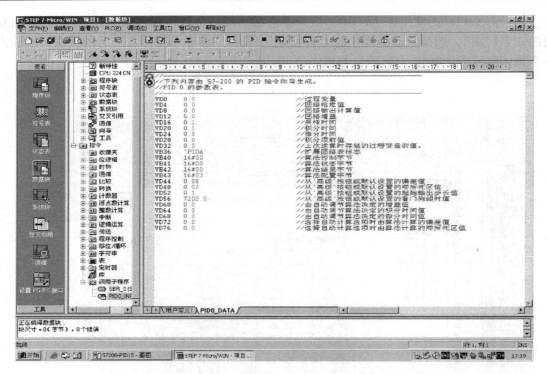

图 4-64 查看 PID 参数对应的存储器地址

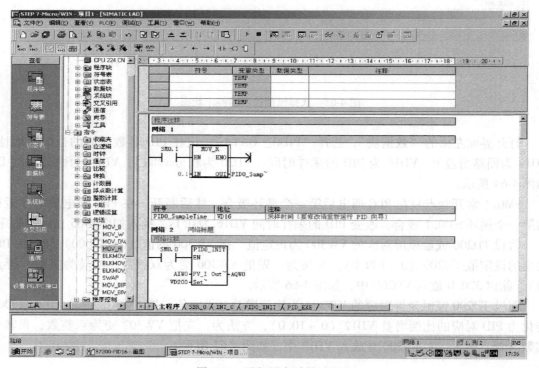

图 4-65 重新设定采样时间

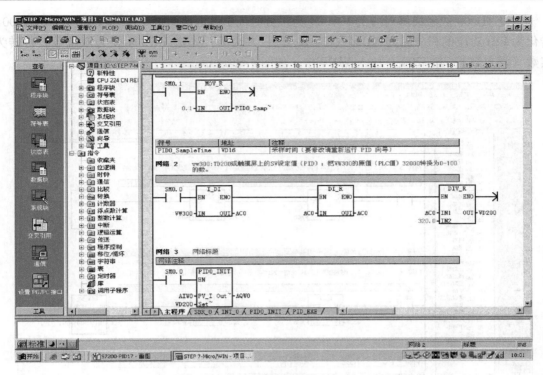

图 4-66　设定值调整

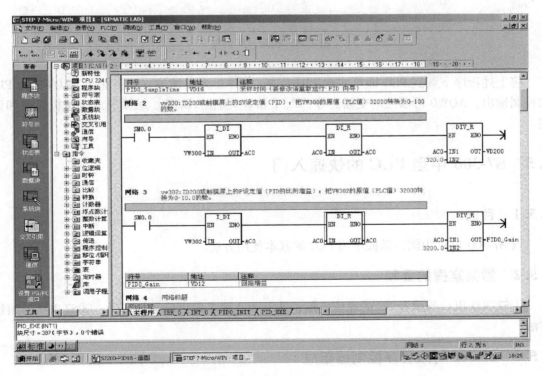

图 4-67　比例增益调整

假设 TD200 或触摸屏对应的 VW304 为积分时间 I 设定值，把 VW304 的值（0～32000）转化为 PID 对应的积分时间 VD20（0～10.0），方法为：先把 VW304 变为双整数，再转为实数（浮点数），除 3200.0 放入 VD20 中，如图 4-68 所示。

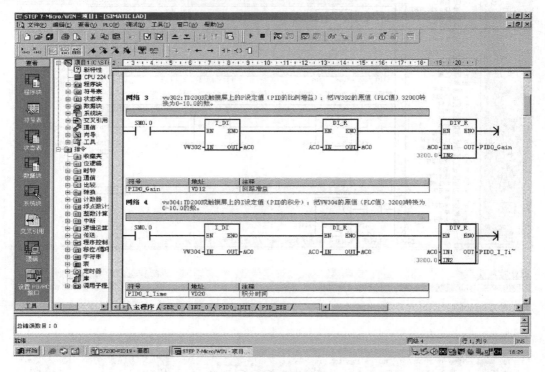

图 4-68　积分时间调整

将上述程序下载到 PLC 即可实现 PID 控制，AIW0 为反馈值（实际值），AQW0 为 PID 的控制输出，AQW0 可以控制变频器等，P、I 和 SV 值由 TD200、触摸屏或上位机修改和设定。

4.5　S7-300 中型 PLC 的快速入门

4.5.1　目的

以 S7-300 PLC 为例，掌握中型 PLC 的基本使用方法。

4.5.2　需要掌握的要领

①S7-300 PLC 与编程 PC 的通信连接；②S7-300 输入输出信号的定义；③S7-300 的编程方法。

4.5.3　S7-300 可编程序控制器组成

S7-300 可编程序控制器的部件功能如图 4-69 所示。S7-300 PLC 系统由电源模块（PS）、中央处理单元（CPU）、接口模块（IM）、信号模块（SM）、通信处理器（CP）、功能模块（FM）、前连接器和导轨组成，如图4-70所示。如果不需要外接扩展机架，接口模块（IM）不用，信号模块（SM）直接与中央处理单元（CPU）之间用底部总线连接器（块）连接。中央处理单元(CPU)有 CPU312、CPU312IFM（随机自带 10 个数字输入 6 个数字输出）、CPU314、CPU314IFM（随机自带20数字输入16个数字输出4个模拟量输入1个模拟量输

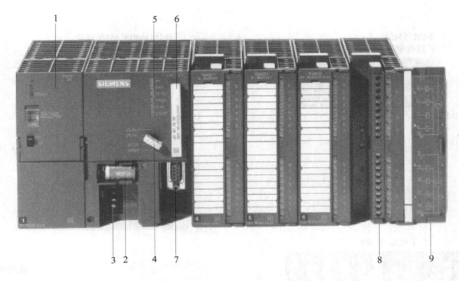

图 4-69　S7-300 PLC 的部件功能

1—负载电源（选项）　2—后备电池（CPU313 以上）　3—DC 24V 连接
4—模式选钮　5—状态和故障指示灯　6—存储器卡（CPU 313 以上）
7—MPI 多点接口　8—前连接器　9—前门

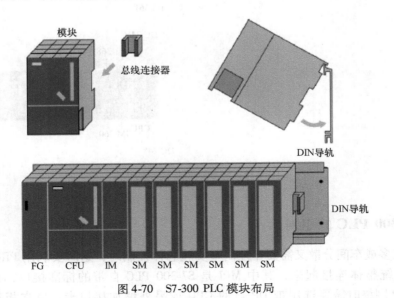

图 4-70　S7-300 PLC 模块布局

出）、CPU315 等；信号模块（SM）有数字输入 SM321（8 路、16 路、32 路）、数字量输出 SM322（8 路、16 路、32 路）、模拟量输入 SM331（2 路、4 路、8 路）和模拟量输出 SM332（2 路、4 路、8 路）等；电源模块（PS）有 PS307（2A、5A、10A）。S7-300 PLC 最多只能直接连接 8 个模块，当系统测控点数较多时，需要外接扩展机架，以增加输入输出模块的数量，IM360/361 可以扩展 3 个机架，IM365 可以扩展 1 个机架，用接口模块（IM）连接扩展机架。如图 4-71 所示。

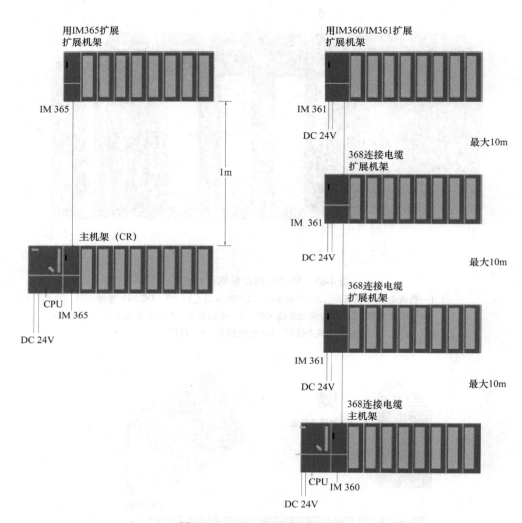

图 4-71　S7-300 PLC 模块的扩展

4.5.4　S7-300 PLC 的组网

当测控点多或车间分散又需要在控制室实施总体控制时，这时要利用 PROFIBUS-DP 或 MPI 网络把系统整体连接起来，其中 MPI 是 S7-300 PLC 自带的标准接口，成本较低，用 PROFIBUS-DP 网络时需要选用带 DP 口的 CPU 或另外增加接口卡，成本相对较高，上位

PG/PC 机中安装 "MPI 通信卡"，MPI 通信卡与 S7-300 通过屏蔽双绞线连接。S7-300 PLC 的网络构成如图 4-72 所示。

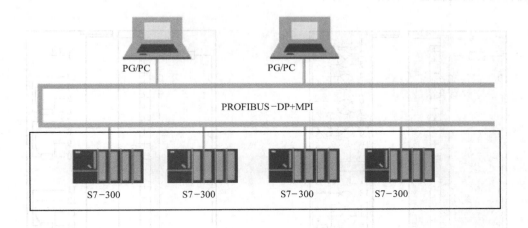

图 4-72 S7-300 PLC 的网络构成

4.5.5 输入输出扩展卡的接线布局

S7-300 PLC 部分输入输出扩展卡的接线布局如下：图 4-73 为 16 路数字量（开关量）输入卡 SM321，图 4-74 为 16 路继电器输出卡 SM322，图 4-75 为 8 路模拟信号输入卡 SM331，图 4-76 为 4 路模拟信号输出卡 SM332。

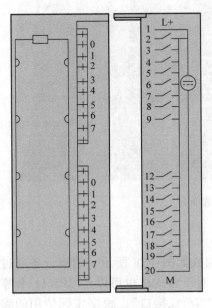

图 4-73 16 路数字输入卡

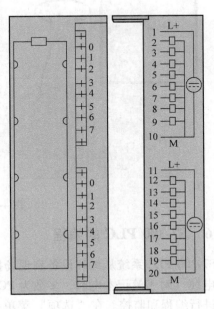

图 4-74 16 路继电器输出卡

对于模拟信号输入模块，有模拟电压输入、2线制模拟电流输入、4线制电流输入、热电阻信号和热电偶毫伏信号可以选择，对于不同的输入，需要把模块侧面的信号选择块撬起并旋转到所需的位置，如图4-77所示。

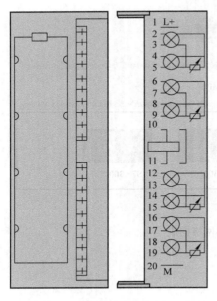

图 4-75　8路模拟信号输入卡

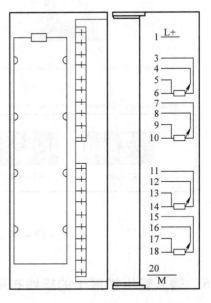

图 4-76　4路模拟信号输出卡

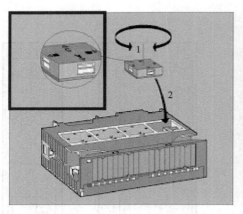

图 4-77　输入信号选择

4.5.6　S7-300 PLC 的编程

S7-300 PLC系统从编程设备到现场控制的总体构成如图4-78所示，编程设备通过编程设备电缆（对于笔记本电脑，多数为PC/MPI电缆，对于台式机也可以是CP5611卡等）对PLC进行编程和监控。在"选项"菜单打开"设置PG/PC接口"，根据实际使用的编程电缆的类型（如PC Adapter（MPI）），选择本地通信口（如COM4，编程电缆驱动程序安装后会出现此增加的 COM 口）及通信速率（一般为 19200 默认值），选择本编程 PC 的 MPI 地址（一般选为默认值 0）及通信速率（一般选为默认值 187.5Kbps），如果采用在 PC 上插卡的方式（如 CP5611）则选取对应的型号。目前，多数编程转换器及板卡都支持"即插即用"功能，所以编程设备在使用过程中不需费心去配置。

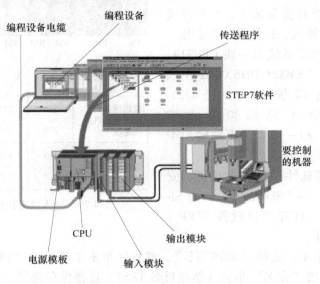

图 4-78　总体构成

以带有 4 块输入输出模块的 S7-300 PLC 系统为例，说明输入输出模块的地址分配，如图 4-79 所示，第一块的地址：模拟输入为 PIW256、PIW258、PIW260 ~ PIW270，模拟输出为 PQW256、PQW258、PQW260 ~ PQW270，数字输入为 I0.0、I0.1、I0.2 ~ I3.7，数字输出为 Q0.0、Q0.1、Q0.2 ~ Q3.7，第二块的地址：模拟输入为 PIW272、PIW274、PIW276 ~ PIW286，模拟输出为 PQW272、PQW274、PQW276 ~ PQW286，数字输入为 I4.0、I4.1、I4.2 ~ I7.7，数字输出为 Q4.0、Q4.1、Q4.2 ~ Q7.7，第三块和第四块的地址依次类推。

S7-300 PLC 常用存储器 M 和数据块 DB，按位使用时如 M0.0、M0.1、M127.7、DB1.DBX0.0、DB1.DBX 0.1、DB10.DBX 240.0 等，DB1 代表数据块 1；按字节使用时如 MB0、MB1、MB64、DB1.DBB0、DB1.DBB1、DB15.DBB7 等；按字使用时如 MW0、MB2、MW64、DB1.DBW0、DB1.DBW2、DB3.DBW 64 等；按双字使用时如 MD0、MD4、MD64、DB1.DBD0、DB1.DBD4、DB3.DBD 88 等。MD0 由 MW0 和 MW2 组成，MW0 由 MB0 和 MB1 组成，MB0 由 M0.0、M0.1、M0.2、M0.3、M0.4、M0.5、M0.6 和 M0.7 组成。DB1.DBD0 由 DB1.DBW0 和 DB1.DBW2 组成，DB1.DBW0 由 DB1.DBB0 和 DB1.DBB1 组成，DB1.DBB0 由 DB1.DBX0.0 ~ DB1.DBX0.7 组成，依次类推，需要注意的是，在使用过程中不要出现重复，例如使用了 M0.0 ~ M0.7 就不要把 MB0、MB1、MW0 和 MD0 再用作其他用途了。

假设实际系统有 5 台电动机组成；按下"1#起动"按钮 1#电动机运行，按下"1#停止"按钮 1#电动机停止；按下"2#起动"按钮 2#电动机运行，抬起"2#起动"钮 2#电动机停止；按下"3#起动"按钮延时 1s，3#电动机运行，抬起"3#起动"按钮 3#电动机停止；把压力传感器信号除以 2 存放在 PLC 的内存区 MW0 中，用 PLC 数据区 DB1. DBW4 中的数据模拟输出控制 4#电动机的速度；5#电动机由分处两地的两个开关控制，任意一个开关闭合则 5#电动机运行，两个开关都抬起时 5#电动机停止。共有 6 个开关量输入，5 个开关量输出，1 个模拟量输入，1 个模拟量输出。

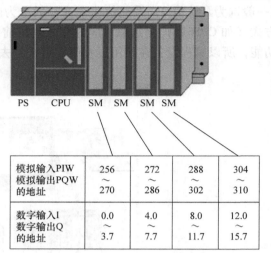

完成该功能的 PLC 系统由一块 CPU314、一块 16 路输入卡 "SM321-DI16XDC24V"、一块 16 路继电器输出卡 "SM321-D016XRelay"、一块 8 路模拟输入卡 "SM331-AI8X12Bit" 和一块 4 路模拟输出卡 "SM332-A04X12Bit" 组成。

模拟输入PIW 模拟输出PQW 的地址	256 ～ 270	272 ～ 286	288 ～ 302	304 ～ 310
数字输入I 数字输出Q 的地址	0.0 ～ 3.7	4.0 ～ 7.7	8.0 ～ 11.7	12.0 ～ 15.7

图 4-79　输入输出模块的地址分配

S7-300 PLC 编程软件 STEP 7 软件正确安装后，单击 "开始" → "SIMATIC" → "SIMATIC MANAGER"，打开编程软件 STEP 7 软件，如图 4-80 所示。

单击 "文件" 菜单，选择 "新建项目"，或直接单击工具栏的 "新建项目" 图标，在 "用户项目" 选项卡的 "命名" 框输入新项目名 TEST，选择保存路径，单击 "确定" 按钮，进入图 4-81 界面。

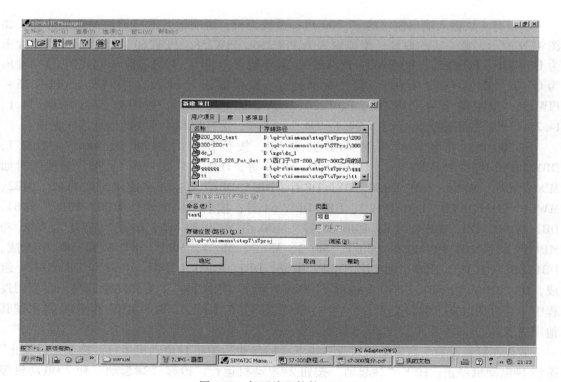

图 4-80　打开编程软件 STEP 7

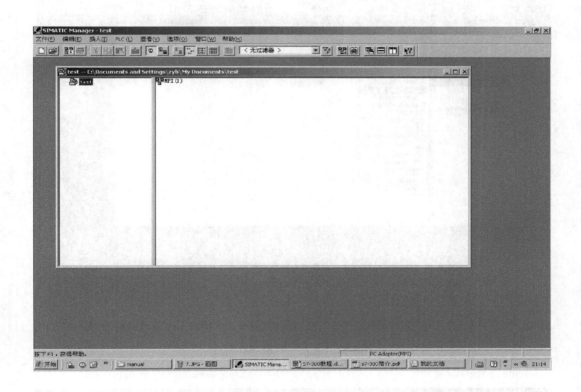

图 4-81 新建项目

用鼠标右击左边窗口的 TEST 图标, 在级联菜单的 "插入新对象" 选择插入一个 "SI-MATIC300 站点", 如图 4-82 所示, 这样就插入了一个 S7-300 的 PLC 站点。

插入一个 SIMATIC 300 站点后, 用鼠标左击右边窗口中的 "硬件" 图标, 则出现硬件选择插入窗口, 如图 4-83 所示。

选择需要插入 S7-300 站点中要使用的硬件, 用鼠标左击打开右边窗口中 SIMATIC300 硬件列表, 如图 4-84 所示。

首先安装导轨, 插入 "RACK-300" 的 Rail, 双击插入, 如图 4-85 所示。

插入 5A 电源卡 "PS307 5A", 插入 CPU314 卡 "CPU314", 插入 16 路输入卡 "DI16 × DC24V", 插入 16 路继电器输出卡 "DO16 × 继电器输出", 插入 8 路模拟输入卡 "AI8 × 12 位", 插入 4 路模拟输出卡 "AO4 × 12 位", 图 4-86 所示。

选择完硬件板卡以后, 记住图 4-86 中所示的各个板卡的 I/O 地址, 数字输入 SM321 为 I0.0 ~ I3.7, 数字输出 SM322 为 Q4.0 ~ Q5.7, 模拟输入 SM331 为 PIW288 ~ PIW302, 模拟输出 SM332 为 PQW304 ~ PQW310, 以备下面编程时, 不需要再查找。注意: 对于模拟输入卡, 由于有多种信号输入方式, 需要设置 8 个模拟通道的输入信号类型, 单击模拟输入卡, 出现板卡配置界面, 选择各路通道的模拟信号类型, 如图 4-87 所示。

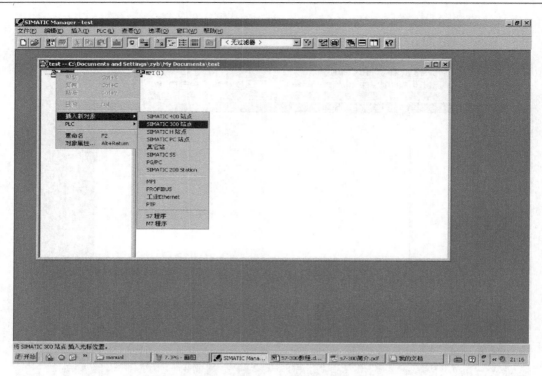

图 4-82　插入一个 S7-300 站点

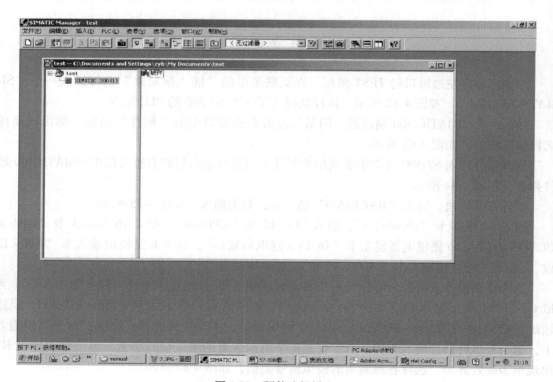

图 4-83　硬件选择插入

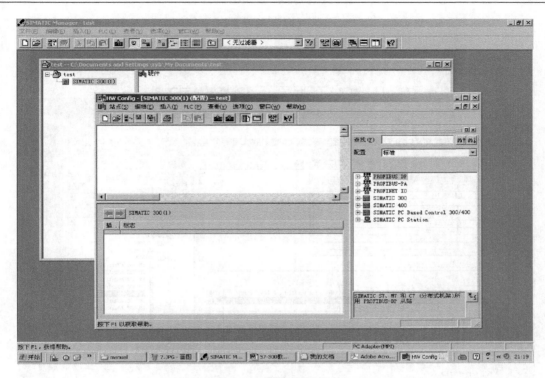

图 4-84 硬件选择画面

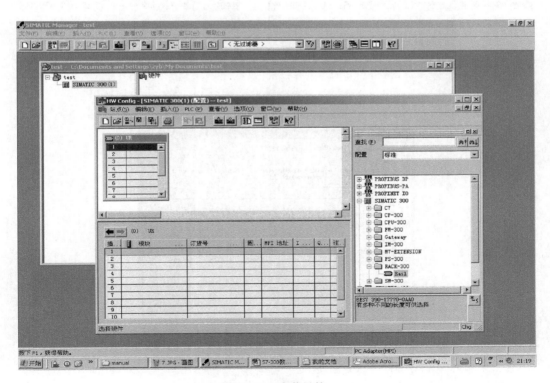

图 4-85 安装导轨

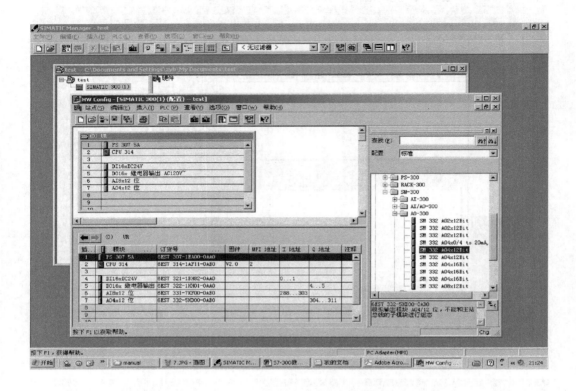

图 4-86　安装电源、CPU 和输入输出卡

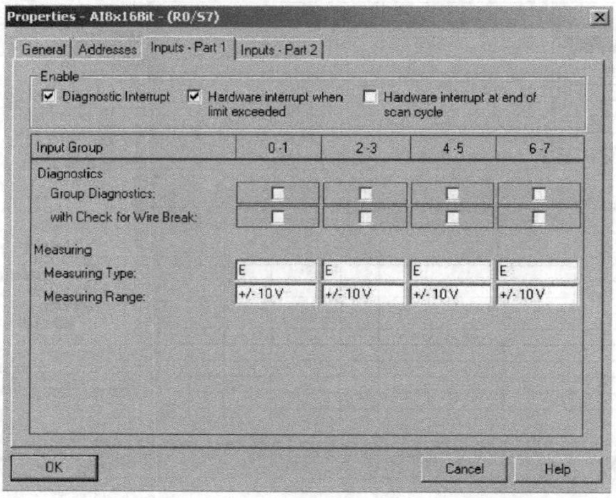

图 4-87　选择模拟输入信号类型

如果在同一个网络中有一个以上的 S7-300 站点，需要修改"CPU314"的 MPI 地址，PLC 的默认 MPI 地址为 2，单击工具栏中的"保存"图标，保存硬件配置。单击插入的"CPU314"图标，单击"S7 程序"，单击"块"，插入数据块（多数程序都需要插入数据块，如果只有简单的开关量输入输出控制，也可以不插入数据块），如图 4-88 所示。

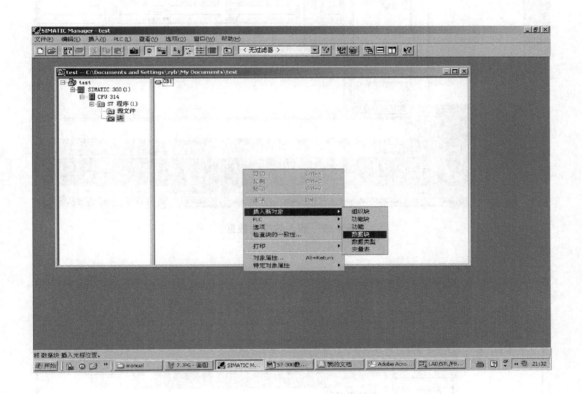

图 4-88　插入数据块

在本例中，数据块需插入 3 条容量，DB1.DBW0、DB1.DBW2 和 DB1.DBW4，如图 4-89 所示，单击"保存"。

单击 S7 程序中的组织模块 OB1，开始编写主程序，如图 4-90 所示。根据系统的工艺要求，编写 PLC 的程序，数字输入端 I0.0 闭合并且数字输入端 I0.1 断开时，数字输出 Q4.0 置位（吸合）；输入端 I0.0 断开并且输入端 I0.1 闭合时 PLC 的输出 Q4.0 复位（断开）；输入端 I0.2 闭合则 Q4.1 闭合，输入端 I0.2 断开则 Q4.1 断开；输入端 I0.3 闭合延时 1s，Q4.2 闭合输出；模拟输入 PIW288（压力传感器输入）除以 2 后放入内存 MW0 中；将 DB1.DBW4 的数据从模拟输出 PQW304 输出，去控制变频器的输出频率，以改变电动机的速度；输入端 I0.4 闭合或者 I0.5 闭合则 Q4.5 闭合。

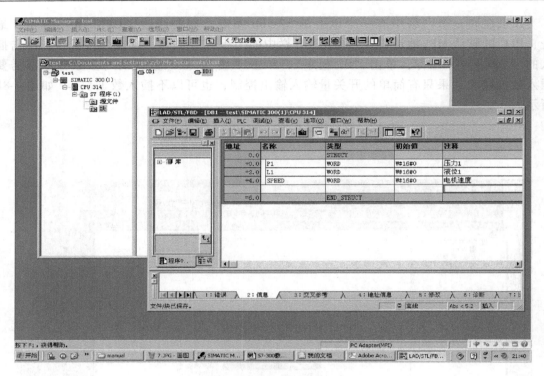

图 4-89　插入数据块数据

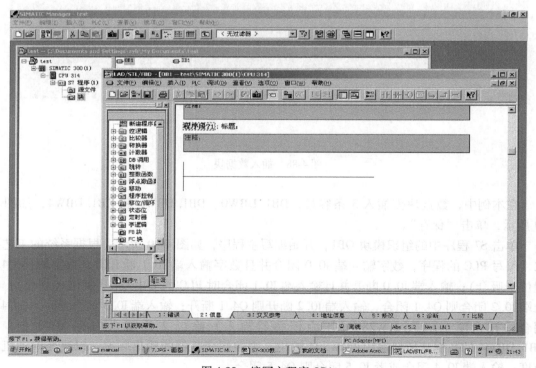

图 4-90　编写主程序 OB1

打开左面指令树，将位逻辑中的常开、常闭和置位指令拖入程序段 1，并输入对应的地址 I0.0、I0.1 和 Q4.0，如图 4-91 所示。

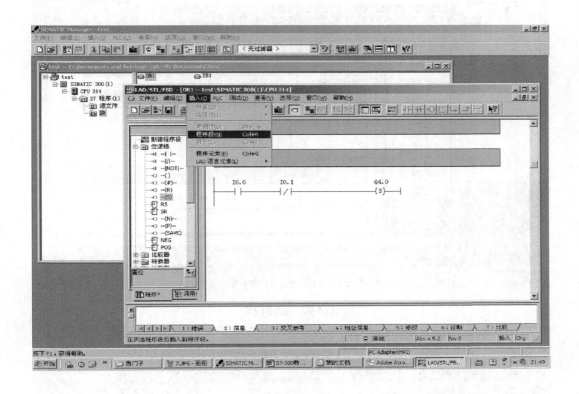

图 4-91　程序段 1

单击"插入"菜单插入新的"程序段"，或单击工具栏中的"插入新程序段"图标插入新的程序段，如图 4-92 所示，将左面指令树位逻辑中的常闭、常开和复位指令拖入程序段 2，并输入对应的地址 I0.0、I0.1 和 Q4.0。

单击"插入"菜单插入新的"程序段"，如图 4-93 所示，将左面指令树位逻辑中的常开和立即输出指令拖入程序段 3，并输入对应的地址 I0.2 和 Q4.1。

单击"插入"菜单插入新的"程序段"，如图 4-94 所示，将左面指令树位逻辑中的常闭和定时器中的 SD 指令拖入程序段 4，并输入对应的地址 I0.3 和定时器地址 T0，定时器 T0 设为 1 秒（S5T#1S），将左面指令树中的常开、立即输出指令拖入程序段 5，并输入对应的地址 T0 和 Q4.2。

单击"插入"菜单插入新的"程序段"，如图 4-95 所示，将左面指令树"移动"中 MOV 指令和"整数函数"中的 DIV-I 指令拖入程序段 6，把输入模拟信号输入 PIW288 放入 DB1.DBW0，DB1.DBW0 除以 2 放入 MW0 中，将左面指令树"移动"中的"MOV"指令拖入程序段 7，把 DB1.DBW4 中的数据送入模拟输出 PQW304。

图 4-92　程序段 2

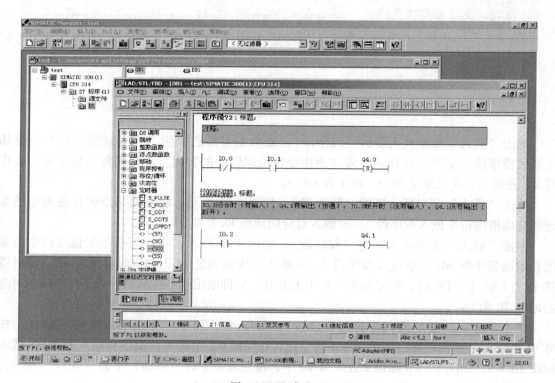

图 4-93　程序段 3

图 4-94　程序段 4～5

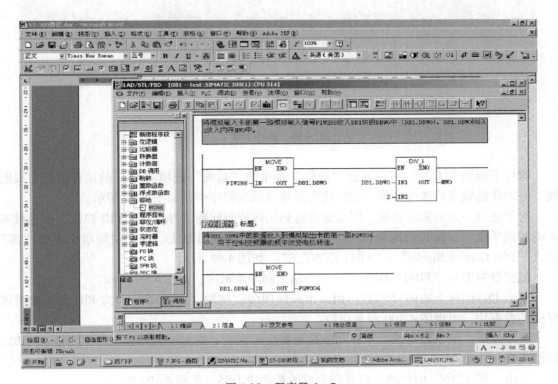

图 4-95　程序段 6～7

程序编好后，单击"文件"中的"保存"将编好的程序保存，单击"PLC"菜单"下载"选项或单击工具栏中的"下载"图标将程序全部下载到 PLC 中，包括软件和硬件配置，如图 4-96 所示。

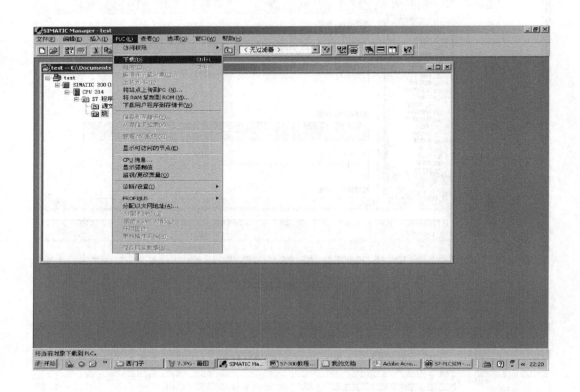

图 4-96　程序下载

程序下载到 PLC 后，可以通过"通信"菜单的"监视"选项对 PLC 的运行进行在线监视，有动作的触点将改变颜色，实际的数据将显示在程序中，如图 4-97 所示。

对于复杂一点的实际系统，则肯定会碰到闭环控制问题，PLC 中的 PID 控制方法是最基本的控制手段，下面我们简单说一下 S7-300 中 PID 的使用方法，打开左侧指令树中"库"插入"PID Control Blocks" - "FB41 CONT_C"，如图 4-98 所示。

把指令树中的"FB41 CONT_C"指令拖入程序编辑区，如图 4-99 所示。

单击 PID 图标上边的"???"，用一个未使用的数据块（如 DB5）作为 PID 内部数据区对应的数据块，出现图 4-100 所示窗口。

程序提醒"实例数据块 5 不存在，是否要生成它?"，单击"是"生成新的数据块 DB5，如图 4-101 所示。

单击"S7 程序"中的块，打开新生成的数据块 DB5，如图 4-102 所示。

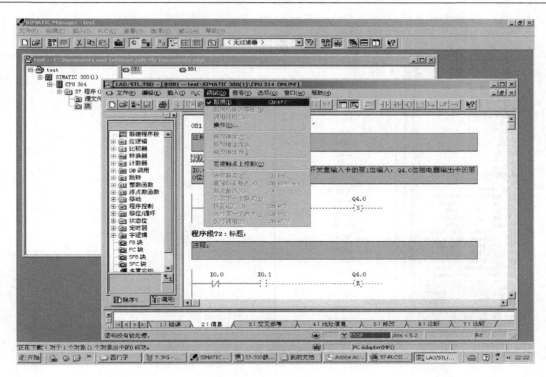

图 4-97　在线监视

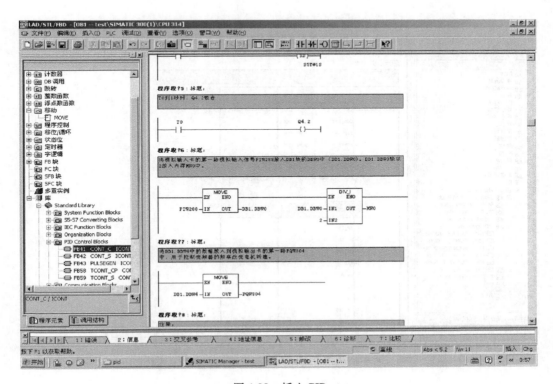

图 4-98　插入 PID

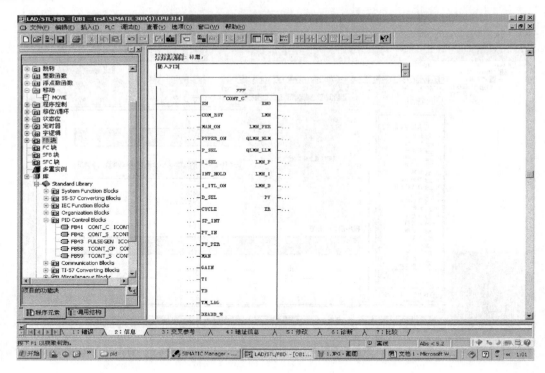

图 4-99　拖入 FB41 CONT_C

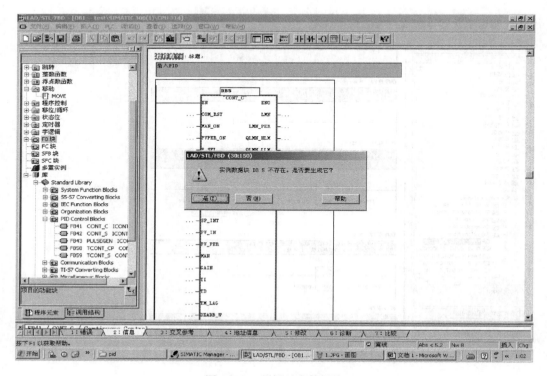

图 4-100　选择对应数据块

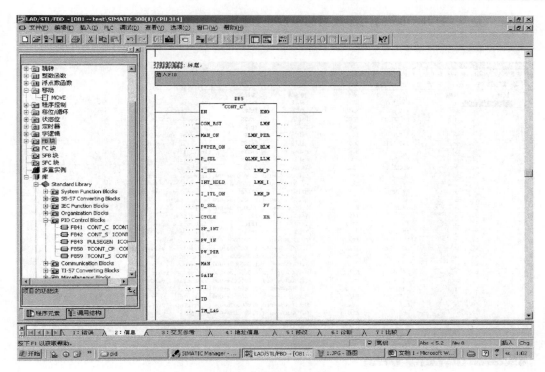

图 4-101 生成新的数据块

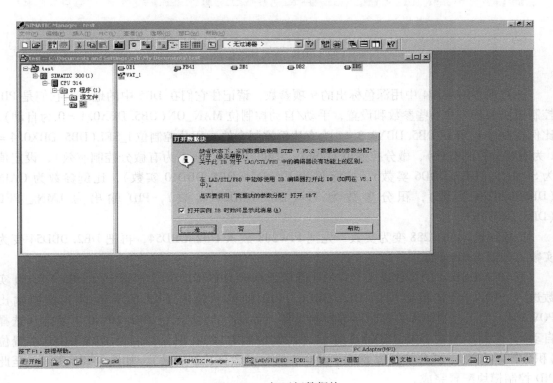

图 4-102 打开新数据块

单击“是”，打开 DB5 的内部数据的组成，如图 4-103 所示。

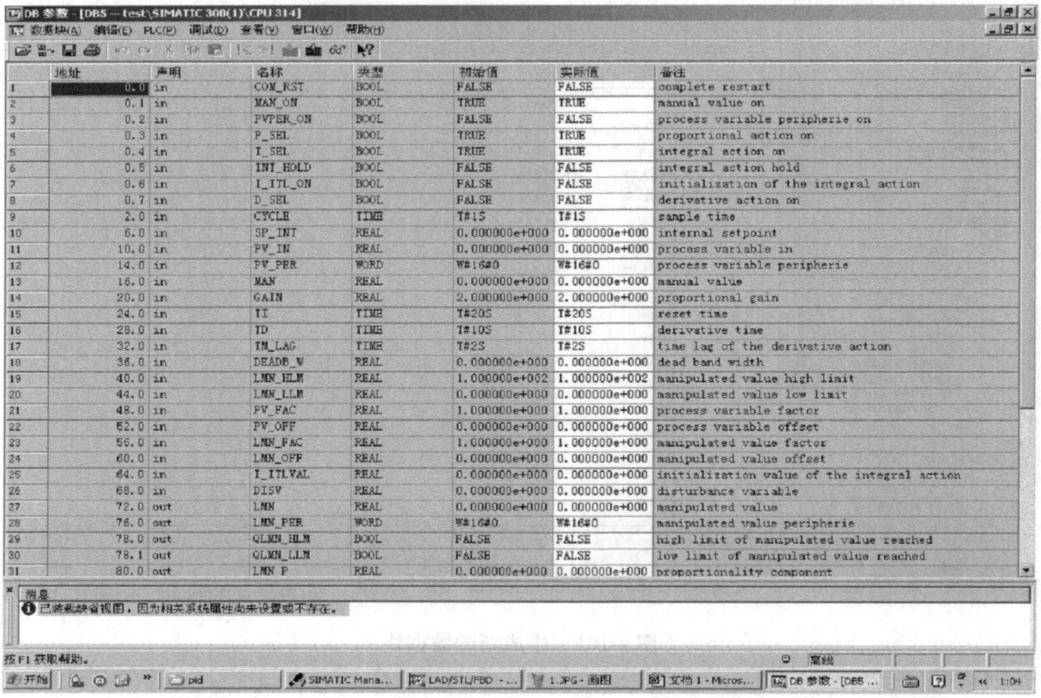

	地址	声明	名称	类型	初始值	实际值	备注
1	0.0	in	COM_RST	BOOL	FALSE	FALSE	complete restart
2	0.1	in	MAN_ON	BOOL	TRUE	TRUE	manual value on
3	0.2	in	PVPER_ON	BOOL	FALSE	FALSE	process variable peripherie on
4	0.3	in	P_SEL	BOOL	TRUE	TRUE	proportional action on
5	0.4	in	I_SEL	BOOL	TRUE	TRUE	integral action on
6	0.5	in	INT_HOLD	BOOL	FALSE	FALSE	integral action hold
7	0.6	in	I_ITL_ON	BOOL	FALSE	FALSE	initialization of the integral action
8	0.7	in	D_SEL	BOOL	FALSE	FALSE	derivative action on
9	2.0	in	CYCLE	TIME	T#1S	T#1S	sample time
10	6.0	in	SP_INT	REAL	0.000000e+000	0.000000e+000	internal setpoint
11	10.0	in	PV_IN	REAL	0.000000e+000	0.000000e+000	process variable in
12	14.0	in	PV_PER	WORD	W#16#0	W#16#0	process variable peripherie
13	16.0	in	MAN	REAL	0.000000e+000	0.000000e+000	manual value
14	20.0	in	GAIN	REAL	2.000000e+000	2.000000e+000	proportional gain
15	24.0	in	TI	TIME	T#20S	T#20S	reset time
16	28.0	in	TD	TIME	T#10S	T#10S	derivative time
17	32.0	in	TM_LAG	TIME	T#2S	T#2S	time lag of the derivative action
18	36.0	in	DEADB_W	REAL	0.000000e+000	0.000000e+000	dead band width
19	40.0	in	LMN_HLM	REAL	1.000000e+002	1.000000e+002	manipulated value high limit
20	44.0	in	LMN_LLM	REAL	0.000000e+000	0.000000e+000	manipulated value low limit
21	48.0	in	PV_FAC	REAL	1.000000e+000	1.000000e+000	process variable factor
22	52.0	in	PV_OFF	REAL	0.000000e+000	0.000000e+000	process variable offset
23	56.0	in	LMN_FAC	REAL	1.000000e+000	1.000000e+000	manipulated value factor
24	60.0	in	LMN_OFF	REAL	0.000000e+000	0.000000e+000	manipulated value offset
25	64.0	in	I_ITLVAL	REAL	0.000000e+000	0.000000e+000	initialization value of the integral action
26	68.0	in	DISV	REAL	0.000000e+000	0.000000e+000	disturbance variable
27	72.0	out	LMN	REAL	0.000000e+000	0.000000e+000	manipulated value
28	76.0	out	LMN_PER	WORD	W#16#0	W#16#0	manipulated value peripherie
29	78.0	out	QLMN_HLM	BOOL	FALSE	FALSE	high limit of manipulated value reached
30	78.1	out	QLMN_LLM	BOOL	FALSE	FALSE	low limit of manipulated value reached
31	80.0	out	LMN_P	REAL	0.000000e+000	0.000000e+000	proportionality component

图 4-103　查看新数据块

注意观察图 4-104 中用深色标出的 9 项参数，请记住它们在 DB5 中的地址，它们是 PID 控制模块最基本的一些参数和设置，手动/自动控制位 MAN_ON(DB5. DBX0. 1 = 0 为自动)，比例控制位 P_SEL(DB5. DBX0. 3 = 1 为有比例控制有效)，积分控制位 I_SEL(DB5. DBX0. 4 = 1 为有积分控制有效)，微分控制位 D_SEL（DB5. DBX0. 7 = 1 为有微分控制有效），设定值为 SP_INT（DB5. DBD6 实数），实际值为 PV_IN（DB5. DBD10 实数），比例参数为 GAIN（DB5. DBD20 实数），积分参数为 TI（DB5. DBD24 实数），PID 输出为 LMN_PER（DB5. DBW76）。

把模拟输入 PIW288 变为实数，先把 PIW288 放入 DB2. DBD54，再把 DB2. DBD54 变为实数，如图 4-105 所示。

把 DB2. DBD54 的实数送入 PID 的实际值数据区 DB5. DBD10，把设定值 DB2. DBD50 实数送入 PID 的设定值数据区 DB5. DBD6，PID 的控制输出 DB5. DBW76 送入模拟输出 PQW304，用于控制外部的变频器等控制设备，手动/自动控制位 DB5. DBX0. 1 复位（选择自动），比例控制位 DB5. DBX0. 3 置位（比例控制有效），积分控制位 DB5. DBX0. 4 置位（积分控制有效），微分控制位 DB5. DBX0. 7 置位（微分控制有效），如图 4-106 所示，至此 PID 控制模块配置完成。

	地址	声明	名称	类型	初始值	实际值	备注
1	0.0	in	COM_RST	BOOL	FALSE	FALSE	complete restart
2	0.1	in	MAN_ON	BOOL	TRUE	TRUE	manual value on
3	0.2	in	PVPER_ON	BOOL	FALSE	FALSE	process variable peripherie on
4	0.3	in	P_SEL	BOOL	TRUE	TRUE	proportional action on
5	0.4	in	I_SEL	BOOL	TRUE	TRUE	integral action on
6	0.5	in	INT_HOLD	BOOL	FALSE	FALSE	integral action hold
7	0.6	in	I_ITL_ON	BOOL	FALSE	FALSE	initialization of the integral action
8	0.7	in	D_SEL	BOOL	FALSE	FALSE	derivative action on
9	2.0	in	CYCLE	TIME	T#1S	T#1S	sample time
10	6.0	in	SP_INT	REAL	0.000000e+000	0.000000e+000	internal setpoint
11	10.0	in	PV_IN	REAL	0.000000e+000	0.000000e+000	process variable in
12	14.0	in	PV_PER	WORD	W#16#0	W#16#0	process variable peripherie
13	16.0	in	MAN	REAL	0.000000e+000	0.000000e+000	manual value
14	20.0	in	GAIN	REAL	2.000000e+000	2.000000e+000	proportional gain
15	24.0	in	TI	TIME	T#20S	T#20S	reset time
16	28.0	in	TD	TIME	T#10S	T#10S	derivative time
17	32.0	in	TM_LAG	TIME	T#2S	T#2S	time lag of the derivative action
18	36.0	in	DEADB_W	REAL	0.000000e+000	0.000000e+000	dead band width
19	40.0	in	LMN_HLM	REAL	1.000000e+002	1.000000e+002	manipulated value high limit
20	44.0	in	LMN_LLM	REAL	0.000000e+000	0.000000e+000	manipulated value low limit
21	48.0	in	PV_FAC	REAL	1.000000e+000	1.000000e+000	process variable factor
22	52.0	in	PV_OFF	REAL	0.000000e+000	0.000000e+000	process variable offset
23	56.0	in	LMN_FAC	REAL	1.000000e+000	1.000000e+000	manipulated value factor
24	60.0	in	LMN_OFF	REAL	0.000000e+000	0.000000e+000	manipulated value offset
25	64.0	in	I_ITLVAL	REAL	0.000000e+000	0.000000e+000	initialization value of the integral action
26	68.0	in	DISV	REAL	0.000000e+000	0.000000e+000	disturbance variable
27	72.0	out	LMN	REAL	0.000000e+000	0.000000e+000	manipulated value
28	76.0	out	LMN_PER	WORD	W#16#0	W#16#0	manipulated value peripherie
29	78.0	out	QLMN_HLM	BOOL	FALSE	FALSE	high limit of manipulated value reached
30	78.1	out	QLMN_LLM	BOOL	FALSE	FALSE	low limit of manipulated value reached
31	80.0	out	LMN_P	REAL	0.000000e+000	0.000000e+000	proportionality component

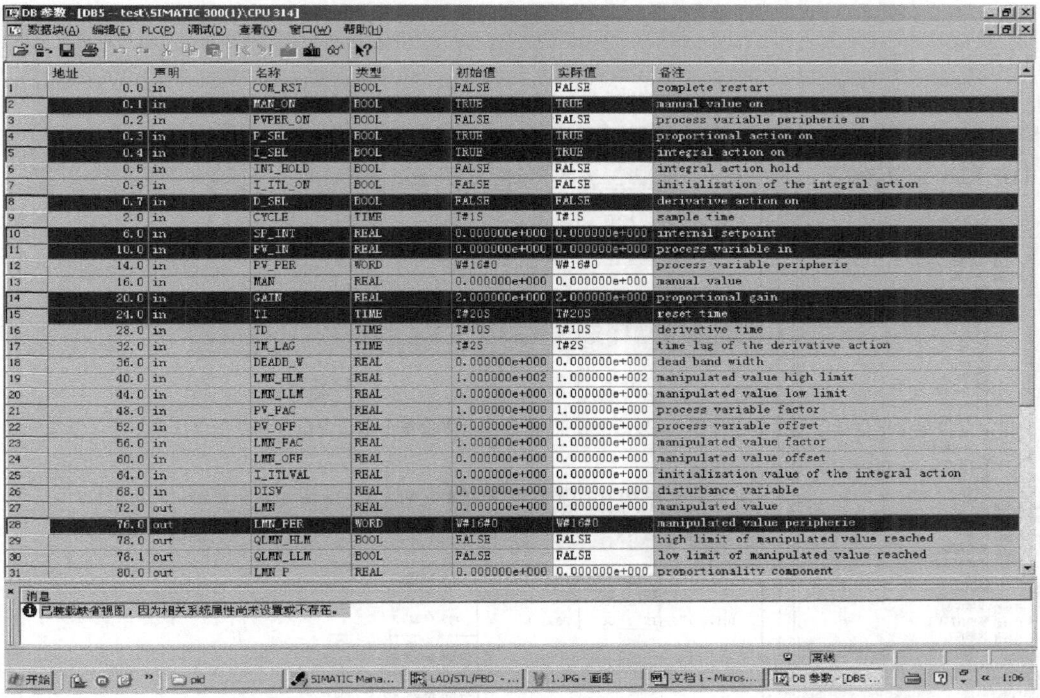

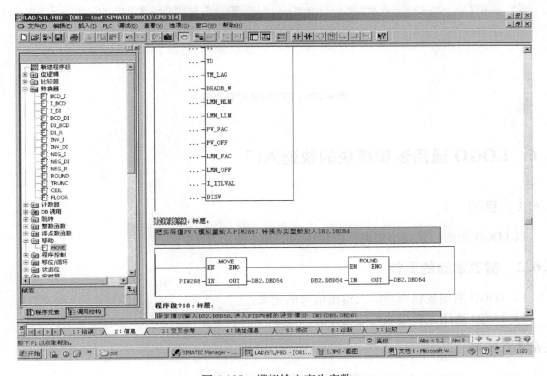

图 4-104　9 项主要参数

图 4-105　模拟输入变为实数

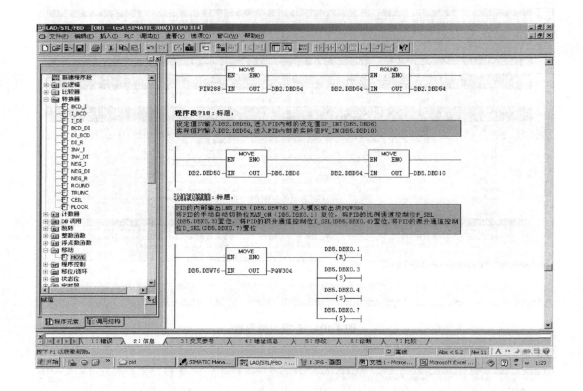

图 4-106　PID 模块配置完成

4.6　LOGO 通用逻辑模块的快速入门

4.6.1　目的

以 LOGO 为例，掌握小型通用逻辑模块的基本使用方法。

4.6.2　需要掌握的要领

1）LOGO 通用逻辑模块输入输出信号的定义。
2）LOGO 通用逻辑模块的编程方法。

4.6.3　外形

LOGO 通用逻辑模块和扩展模块的外形如图 4-107 所示。

图 4-107　LOGO 外形

4.6.4　LOGO 通用逻辑模块的基本结构

如图 4-108 所示。

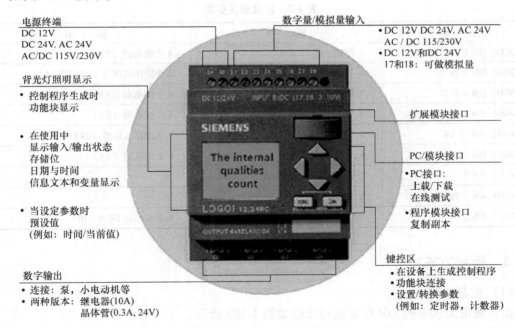

电源终端
DC 12V
DC 24V. AC 24V
AC/DC 115V/230V

背光灯照明显示
· 控制程序生成时
　功能块显示

· 在使用中
　显示输入/输出状态
　存储位
　日期与时间
　信息文本和变量显示

· 当设定参数时
　预设值
　(例如：时间/当前值)

数字输出
· 连接：泵，小电动机等
· 两种版本：继电器(10A)
　　　　　晶体管(0.3A, 24V)

数字量/模拟量输入
· DC 12V DC 24V. AC 24V
　AC / DC 115/230V
· DC 12V和DC 24V
　17和18：可做模拟量

扩展模块接口

PC/模块接口
· PC接口：
　上载/下载
　在线测试
· 程序模块接口
　复制副本

键控区
· 在设备上生成控制程序
· 功能块连接
· 设置/转换参数
　(例如：定时器，计数器)

图 4-108　LOGO 基本结构

4.6.5　型号说明

LOGO 通用逻辑模块和扩展模块的型号说明

基本模块的参数见表 4-6。

表4-6　基本模块参数

名　　称	输　　入	输　　出	特　　性
LOGO！12/24RC	8个数字量	4个继电器（10A）	
LOGO！24	8个数字量	4个固体晶体管（24V/0.3A）	没有时钟
LOGO！24RC	8个数字量	4个继电器（10A）	
LOGO！230RC	8个数字量	4个继电器（10A）	
LOGO！12/24RCo	8个数字量	4个继电器（10A）	没有显示单元 没有键盘
LOGO！24o	8个数字量	4个固体晶体管（24V/0.3A）	没有显示单元 没有键盘 没有时钟
LOGO！24RCo	8个数字量	4个继电器（10A）	没有显示单元 没有键盘
LOGO！230RCo	8个数字量	4个继电器（10A）	没有显示单元 没有键盘

扩展模块的参数见表4-7。

表4-7　扩展模块参数

名　　称	输　　入	输　　出
LOGO！DM 8 12/24R	4个数字量	4个继电器（5A）
LOGO！DM 8 24	4个数字量	4个固体晶体管（24V/0.3A）
LOGO！DM 8 24R	4个数字量	4个继电器（5A）
LOGO！DM 8 230R	4个数字量	4个继电器（5A）
LOGO！DM 16 24	8个数字量	8个固体晶体管（24V/0.3A）
LOGO！DM 16 230R	8个数字量	8个继电器（5A）
LOGO！AM 2	2个模拟量 DC 0~10V 或 0~20mA	无
LOGO！AM 2 Pt100	2个 Pt100 −50℃ ~ +200℃	无
LOGO！AM 2 AQ	无	2个模拟量 DC 0~10V

4.6.6　接线方式

（1）电源接线

由直流电源供电的 LOGO 其电源接线如图4-109所示。

在图4-109中，L+：直流电源的正端；M：直流电源的负端，图中熔丝选0.8~2.0A。

由交流电源供电的 LOGO 其电源接线如图4-110所示。

在图4-110中，L1：交流电源的相线，N：交流电源的零线，为了抑制浪涌电压，需安装大于1.2倍 LOGO 额定电压的压敏电阻。

（2）开关量输入

由直流电源供电的 LOGO！12/24 其数字开关量输入接线如图4-111所示，M（0V）作为公共端，I1 和 I2 只要和 L +（电源正）接通则其输入为 1，断开时则为 0。

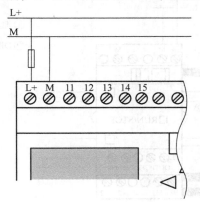

图 4-109　DC 供电的电源接线

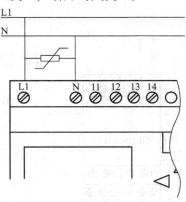

图 4-110　AC 供电的电源接线

由交流电源 AC 供电的 LOGO! 230 其数字开关量输入接线如图 4-112 所示，零线 N 作为公共端，I1 和 I2 只要和相线 L1 接通，则其输入为 1，断开时则为 0。

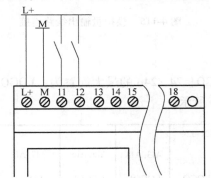

图 4-111　DC 供电的数字开关量输入接线

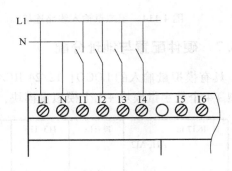

图 4-112　AC 供电的数字开关量输入接线

（3）继电器输出

继电器输出对外部的控制相当于一个常开触点，继电器动作时，触点吸合，继电器无动作时，触点打开，利用继电器输出进行负载通断控制的接线方式如图 4-113 所示。

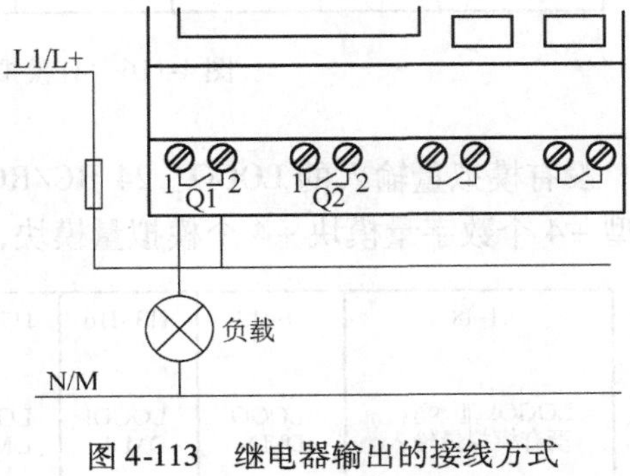

（4）模拟量输入

LOGO! AM2 模块有两路模拟量输入信号，既可以是电流信号 0～20mA，也可以是电压信号 0～10V，其线路连接如图 4-114 所示。

（5）模拟量输出

LOGO! AM 2 AQ 模块有两路 0～10V 的模拟量输出信号，其线路连接如图 4-115 所示。

图 4-113　继电器输出的接线方式

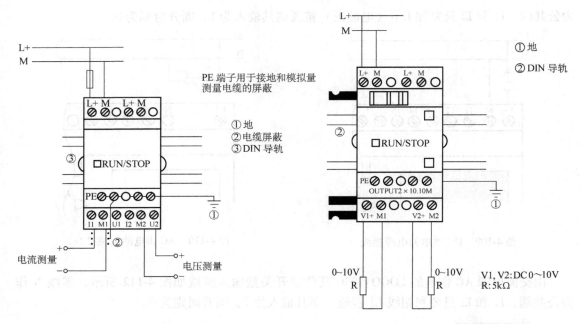

图 4-114　模拟量输入线路连接　　　　图 4-115　模拟量输出线路连接

4.6.7　硬件配置与地址分配

具有模拟量输入的 LOGO！12/24 RC/RCo 和 LOGO！24 /24o 的最大配置为：LOGO！基本型 +4 个数字量模块 +3 个模拟量模块，如图 4-116 所示。

I1~I6,I7,I8	I9~I12	I13~I16	I17~I20	I21~I24			
AI1, AI2					AI3, AI4	AI5, AI6	AI7, AI8
LOGO! 基本型，有模拟量输入	LOGO! DM 8	LOGO! DM 8	LOGO! DM 8	LOGO! DM 8	LOGO! AM 2	LOGO! AM 2	LOGO! AM 2
Q1~Q4	Q5~Q8	Q9~Q12	Q13~Q16				

图 4-116　有模拟量输入的 LOGO 的最大配置

没有模拟量输入的 LOGO！24 RC/RCo 和 LOGO！230RC/RCo 的最大配置为 LOGO！基本型 +4 个数字量模块 +4 个模拟量模块，如图 4-117 所示。

I1~I8	I9~I12	I13~I16	I17~I20	I21~I24			
					AI1,AI2	AI3,AI4	AI5,AI6	AI7,AI8
LOGO! 基本型，没有模拟量输入	LOGO! DM 8	LOGO! DM 8	LOGO! DM 8	LOGO! DM 8	LOGO! AM 2	LOGO! AM 2	LOGO! AM 2	LOGO! AM 2
Q1~Q4	Q5~Q8	Q9~Q12	Q13~Q16				

图 4-117　无模拟量输入的 LOGO 的最大配置

4.6.8　编程举例

1）假设有一个电路，要求 S1 或 S2 闭合时，继电器 K1 吸合，灯泡 E1 通电发光，如图 4-118 所示。

2）用 LOGO 通用逻辑模块来实现的接线方式很多，图 4-119 给出了一种接线方式。

开关 S1 作用于输入 I1，开关 S2 作用于输入 I2，电灯连接到继电器输出 Q1。LOGO 中的线路程序如图 4-120 所示。

3）进入编程模式

接通电源，LOGO 显示面板出现如图 4-121 所示的界面。

按 ESC 将 LOGO 切换到主菜单，如图 4-122 所示。

按上下箭头，将光标移到 "Progam.."，按 "OK" 确认，进入编程菜单，如图 4-123 所示。

按上下箭头，将光标移到 "Eidt..."，按 "OK" 确认，进入线路程序编辑菜单，如图 4-124 所示。

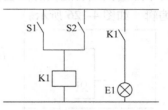

图 4-118　应用举例

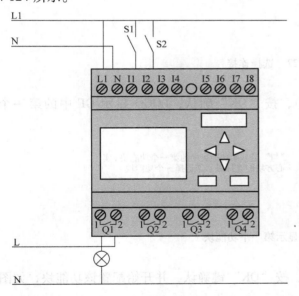

图 4-119　LOGO 通用逻辑模块的接线

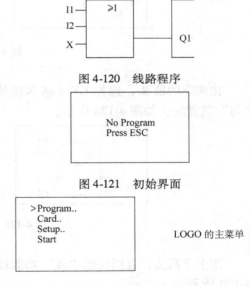

图 4-120　线路程序

图 4-121　初始界面

图 4-122　切换到主菜单

LOGO 的编程菜单

图 4-123　编程菜单

LOGO 的编辑菜单

图 4-124　选择线路程序编辑菜单

按上下箭头，将光标移到 "Eidt Prg"，按 "OK" 确认，线路程序编辑开始。首先显示第一个输出 Q1 的编程，如图 4-125 所示。

4）开始编程

在 Q1 的下面有一个下画线，这是当前光标所在位置，按上下左右箭头，移动光标到需要添加连接或功能块的位置，按向左的箭头，将光标移到 Q1 的输入侧，按"OK"键选择编辑，如图 4-126 所示。

图 4-125　线路程序编辑开始　　　　　　　　图 4-126　编辑 Q1 的控制逻辑

光标变为一个闪烁的实心方块，如图 4-127 所示。

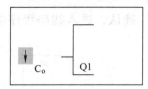

图 4-127　选择连接

按向下的箭头，选择 GF（基本模块），按"OK"确认，LOGO 显示 GF 中的第一个"与"功能块，如图 4-128 所示。

图 4-128　显示第一个功能块

按上下箭头，直到出现"或"功能块，按"OK"键确认，并开始配置该功能块，如图 4-129 所示。

图 4-129　选择"或"功能块

现已输入第一个功能块 B1，LOGO 自动为每一个新功能块分配块号，然后配置连接输入，如图 4-130 所示。

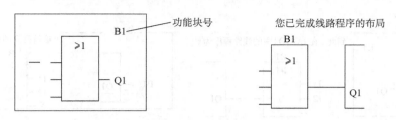

图 4-130　选择"或"功能块输入

光标在"或"功能块 B1 的第一输入端，按"OK"键，面板显示如图 4-131 所示。
选择 Co（连接器），按"OK"确认，面板显示如图 4-132 所示。

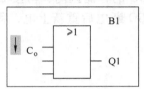

图 4-131　输入端连接

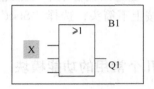

图 4-132　选择连接器

连接器可以选择的输入输出见表 4-8。

表 4-8　连接器可以选择的输入输出

连接器	LOGO 基本型		DM	AM	AM2AQ
输入	LOGO! 230RC/RCo LOGO! 24RC/RCo	二个组： I1～I4 和 I5～I8	I9～I24	AI1～AI8	没有
	LOGO! 12/24RC/RCo LOGO! 12/24o	I1～I6，I7，I8 AI1，AI2	I9～I24	AI3～AI8	
输出	Q1～Q4		Q5～Q6	没有	V1，V2
Io	逻辑"0"信号（断开）				
hi	逻辑"1"信号（接通）				
×	没有使用的连接器				

按上下箭头，选择 I1，按"OK"键确认，面板显示如图 4-133 所示。
光标跳到"或"功能块的下一个输入，面板显示如图 4-134 所示。

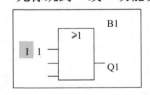

图 4-133　选择 I1

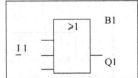

您已完成在 LOGO! 中的线路程序

图 4-134　下一个输入

同样方法，在第二个输入端选择 I2，面板显示如图 4-135 所示。
同样方法，在第三个输入端选择 X，按"OK"键，返回输出 Q1，面板显示如图 4-136

所示。

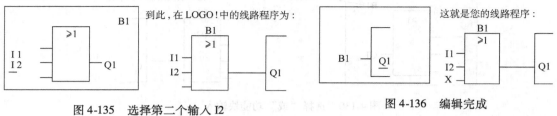

图4-135　选择第二个输入 I2　　　　　　　　图4-136　编辑完成

至此，程序编辑完成。

按 ESC 键返回编程菜单，至此线路程序已保存在 LOGO 的存储区内，再按 ESC 键返回主菜单，按上下箭头，选择"Start"，程序开始运行。LOGO 断电后重新上电，程序也开始运行。

4.6.9　几个常用的功能模块

图4-137 是 LOGO! 显示面板上的典型视图，每个界面只能显示一个功能块。

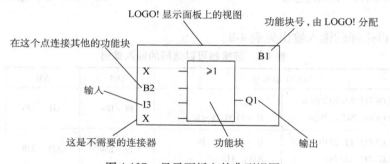

图4-137　显示面板上的典型视图

LOGO! 为每一个功能块分配一个功能块号，用这些功能块号指示功能块的内部连接，如图4-138 所示。

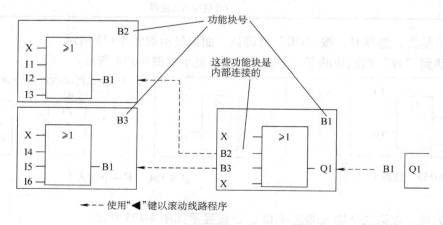

图4-138　内部连接

1. 基本功能模块（GF）"与"

基本功能模块（GF）"与"相当于若干触点的串联，只有所有输入为"1"时，"与"功能块的输出才为"1"，没有使用的功能块输入（X）视为"1"，即 X = "1"，"与"功能块示意及符号如图 4-139 所示。

图 4-139　基本功能模块（GF）"与"

2. 基本功能模块（GF）"或"

基本功能模块（GF）"或"相当于若干触点的并联，只要有一个输入为"1"，"或"功能块的输出就为"1"，没有使用的功能块输入（X）视为"0"，即 X = "0"，"或"功能块示意及符号如图 4-140 所示。

图 4-140　基本功能模块（GF）"或"

3. 模块输入方向的反转

为了反转一个输入，"1"变"0"或"0"变"1"，将光标移到相应位置，按"OK"键确认位置，如图 4-141 所示。

按上下箭头反转这个输入，按"ESC"键完成，如图 4-142 所示。

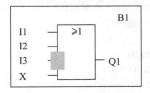

图 4-141　确定位置

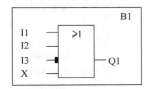

图 4-142　反转

4. 特殊功能模块（SF）"接通延时"

特殊功能模块（SF）"接通延时"的输入接通并延时一定时间后才有输出。"接通延时"功能块示意及符号见表 4-9。

表 4-9　"接通延时"逻辑

在 LOGO! 中的符号	接线	说明
	输入 Trg	在输入 Trg（触发器）的上升沿（"0"到"1"的转换）启动接通延时
	参数	T 代表时间，在这个时间后接通输出（输出信号"0"到"1"的转换） 保持性： / = 没有保持功能 R = 状态是保持的
	输出 Q	当设定时间 T 到达后，如 Trg 仍为"1"，则接通 Q

"接通延时"的时间选择，如图 4-143 所示，"接通延时"的时序如图 4-144 所示。

图4-143　时间选择　　　　　　　　　　　图4-144　时序图

5. 特殊功能模块（SF）"周定时器"

特殊功能模块（SF）"周定时器"，有三个时间段定义，为一周的每一天设定输出的接通和断开时间，见表4-10。

表4-10　"周定时器"逻辑

LOGO! 中的符号	接　　线	说　　明
No1 No2 No3 —— Q	时间段 No1、No2、No3 的参数	对所有的时间段参数，可以用于时间段的每个周定时器设定其接通和断开的时间。可以组态某些星期和其时间
	输出 Q	当组态的时间段激活时接通输出 Q

假设设备每周定时开关的通断控制，如图4-145所示。

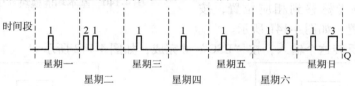

Cam No1:　　　每天：　　　　　　06:30~08:00
Cam No2:　　　星期二：　　　　　03:10~04:15
Cam No3:　　　星期六和星期日：　16:30~23:10

图4-145　每周定时开关的通断要求

第一时间段的开关设定，如图4-146所示。

后缀"D ="（Day）的含义：M 星期一、T 星期二、W 星期三、T 星期四、F 星期五、S 星期六、S 星期日；大写字母表示选择了一周中的星期，"—"的含义表示没有选择一周中的星期；00：00 和23：59 之间的任何时间均可以设定；—: —表示没有接通（或断开）的时间。

第二时间段的开关设定，如图4-147所示。

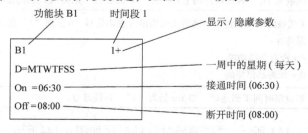

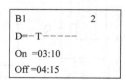

图4-146　第一时间段　　　　　　　　　　　图4-147　第二时间段

第三时间段的开关设定，如图 4-148 所示。

下面的程序就是利用周定时器控制设备起停的例子，如图 4-149 所示。

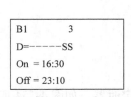

图 4-148　第三时间段

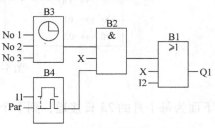

图 4-149　周定时器的例子

6. 特殊功能模块（SF）"年定时器"：

特殊功能模块（SF）"年定时器"，见表 4-11。

表 4-11　"年定时器"

LOGO! 中的符号	接　　线	说　　明
No ─ [MM DD] ─ Q	时间段参数	在时间段参数，可以为年定时器的时间段接通/断开时间
	输出 Q	在组态的时间段激活时接通输出 Q

一个年定时器 B1 接通时间为 3 月 1 日，断开时间为 4 月 4 日，如图 4-150 所示。

另一个年定时器 B2 接通时间为 7 月 7 日，断开时间为 11 月 19 日，如图 4-151 所示。

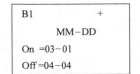

接通时间：3 月 1 日

断开时间：4 月 4 日

图 4-150　年定时器 B1

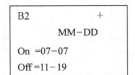

还有：

接通时间：7 月 7 日

断开时间：11 月 19 日

图 4-151　年定时器 B2

B1 和 B2 年定时器组合后的通断功能，如图 4-152 所示。

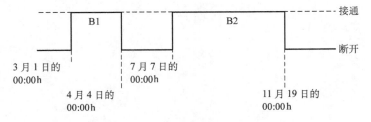

图 4-152　B1 和 B2 年定时器组合

下面为每个月的 1 日接通，每个月的 2 日断开的年定时器，如图 4-153 所示。

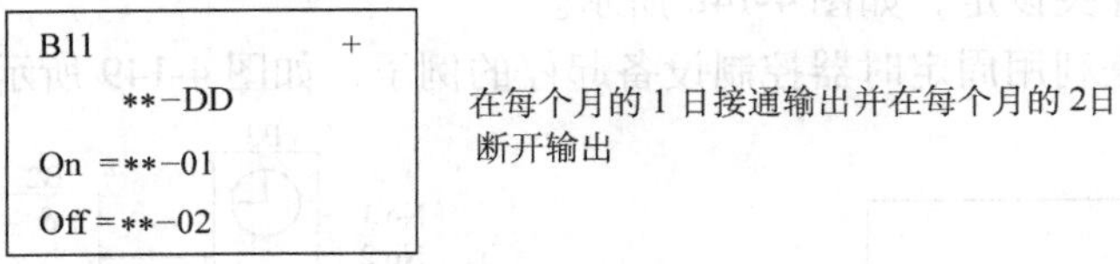

```
┌─────────────────────────┐
│ B11                +    │
│       **−DD             │
│ On =**−01               │
│ Off =**−02              │
└─────────────────────────┘
```
在每个月的 1 日接通输出并在每个月的 2日
断开输出

图 4-153　年定时器 B11

下面为每个月的 25 日接通，到下个月的 5 日断开的年定时器，如图 4-154 所示。

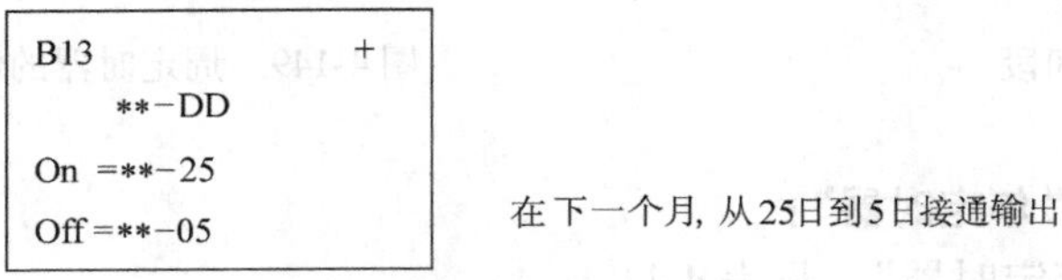

```
┌─────────────────────────┐
│ B13                +    │
│       **−DD             │
│ On =**−25               │
│ Off =**−05              │
└─────────────────────────┘
```
在下一个月, 从 25日到 5日接通输出

图 4-154　年定时器 B13

4.6.10　LOGO！Soft Comfort 轻松软件

LOGO！Soft Comfort 轻松软件可以实现用 PC 快速对 LOGO！进行编程、调试和修改，使用者只需通过选择、拖拽相关的功能，然后连线，就可简单轻松地创建梯形图或功能块图，既可以利用离线模拟在 PC 中进行调试，也可以连接硬件进行在线操作调试，在此不再讲述。如果 LOGO！需要处理的输入输出量较多且较复杂，最好还是选用 PLC 更好一些。

第 5 章　变频器及常用控制驱动装置

5.1　PID 控制器

PID 是 Proportion（比例）、Integral（积分）、Differential（微分）英文字母的缩写，PID 控制器的全称是比例积分微分控制器，PID 的数学表达式为

$$u = P \times e_i + I \times (e_1 + e_2 + \cdots + e_i)/T + D \times (e_i - e_{i-1})/T \tag{5-1}$$

式（5-1）中，u 是 PID 控制器的输出，T 是 PID 的采样周期，e_i 是第 i 时刻（$SV_i - PV_i$）的误差值，SV 是被控制量的设定值，PV 是被控制量的实际值，下标 i 代表第 i 时刻，P、I、D 是控制系数，也有些 PID 控制器的 P、I、D 系数是用它们的倒数来表示，这一点希望初学者要注意。在式（5-1）中，P 直接与误差值 e_i 相乘，P 对 PID 输出 u 的影响直接与误差成正比例，I 与误差 e 的积分相乘，I 对 PID 输出 u 的影响是对误差 e 的积分关系，D 与误差 e 的微分相乘，D 对 PID 输出 u 的影响是对误差 e 的微分关系。

PID 控制器主要用来实现定值控制，如保持压力、温度、流量、成分及浓度等参数为一定值。PID 实际上就是一个单闭环控制器，以泵站的压力控制为例，当实际压力 PV 小于设定压力 SV 时，PID 输出增大，PID 控制的变频器速度加快，实际压力 PV 上升，如果实际压力 PV 大于设定压力值 SV，则 PID 输出减小，PID 输出控制的变频器速度降低，实际压力 PV 降低，直到达到设定值。PID 的主要参数有 P、I、D、报警范围、输入信号范围、对应显示范围、正反作用等，其中 P、I、D 三个参数最为重要，对于大多数的控制只需 P 和 I 功能即可，D 可以不用。由于 PID 参数尚无统一规定，所以在不同厂家的产品中，有时是 P 越大，作用越强；有时是 P 越小，作用越强。I 参数也是这样，有时 I 越大作用越强，有时 I 越小作用越强。P 作用同设定值与实际值的差值 e（$e = SV - PV$）成比例，I 作用与 e 存在的时间长短成正比，I 的作用就是误差 e 与时间 t 的积分。一般情况下，先把 I 和 D 的作用去掉，把 P 设定为一个不太灵敏的值，然后逐渐增强 P 的作用，当 PV 出现震荡时取 P 的 65% 左右为 P 值，I 的调整与 P 的调整基本相同，当然我们也可以把 P、I、D 设定到一个较保守的值附近，设定值 SV 瞬间变化时，如果 PID 输出的立即变化值太小，说明 P 作用太小，应加强 P 的作用，如果实际值 PV 长时间达不到设定值 SV，说明 I 作用太小，应加强 I 的作用。P 和 I 的作用也不能太强，如果太强则 PID 的模拟输出变化太大，将导致被控参数的实际值 PV 发生振荡，出现一会高一会低的波动现象。

PID 控制器的所有参数可以通过 PID 的面板按键进行设定，报警范围参数主要是对输入信号的高限和低限进行监测，由报警触头输出高低越限信号。输入信号量程范围参数表明实际过程参数的测量信号（$4 \sim 20\text{mA}$、$0 \sim 10\text{mA}$、$0 \sim 5\text{V}$、Pt100、Cu50、K、J 等）对应的量程范围，对应的显示范围表明对应输入量程 PID 的显示值（$0 \sim 1\text{MPa}$、$0 \sim 100℃$、$0 \sim 100\text{m}$、$0 \sim 1000\text{m}^3/\text{h}$ 等），正反作用指的是 PID 输出信号变化趋势与 e 之间的关系，$PV > SV$ 时输出减少的称为反作用，如温度加热控制，$PV > SV$ 时输出增大的称为正作用，如温度制冷控制。

PID 的主要接线如图 5-1 所示，供电电源用于为 PID 提供电能；模拟量输入用于把被控参数（例如压力、流量、温度的测量信号）输入 PID；控制输出（4~20mA 等）用于输出 PID 的控制信号，PID 输出一般接变频器、直流调速器、电炉调功器、阀门控制器等；开关量报警输出用于通知输入信号超过高限值或低于低限值等；目前，很多 PID 都带有通信接口（如 RS232、RS485 等）用于与其他控制设备（如 PLC、上位机等）进行数据传输。

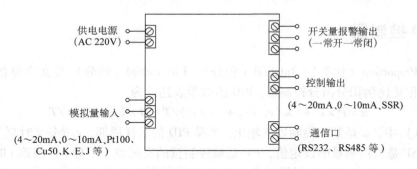

图 5-1　PID 的主要接线

PID 的外形有 48×48、96×96、48×96、96×48、160×80、80×160 单位：mm 等，如图 5-2 所示。

图 5-2　PID 的外形

常见型号：C900、SR90、IAO-PID 等。
生产厂家：河北省自动化技术开发公司、日本理化株式会社等。

5.2　软起动器

在第 3 章中我们讲过电动机自耦减压起动电路，软起动器的作用同自耦减压起动差不多，也是为了减少电动机起动对机械及电网的冲击，用它可以将电动机从零转速慢慢起动起来，所以称其为软起动器。软起动器比自耦降压和丫-△降压方式的起动过程更柔和。软起动器的参数主要有起动时间，停止时间，起动最大电流，起动初始电压。起动时间（一般为 0.5~60s）是指软起动器将电动机从停止起动到全压全速所需的时间，起动电流是指电动机在起动过程中以不超过这个电流逐步升压的起动限制电流，停止时间是指电动机从运行到停止所用的时间，起动初始电压为起动开始时的输出电压。软起动器的参数设定有的厂家是通过面板的显示屏和按键，有的厂家是通过电位器来设定。以 CMC 型软起动器为例，软起动器的接线如图 5-3 所示。

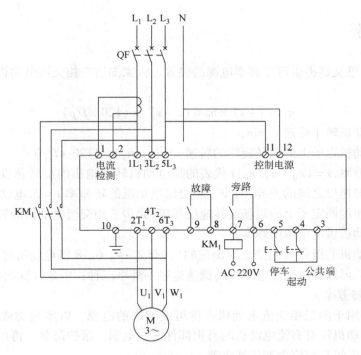

图 5-3　CMC 软起动器接线图

在图 5-3 中，$1L_1$、$3L_2$、$5L_3$ 接三相主电源，$2T_1$、$4T_2$、$6T_3$ 接电动机 M，"起动"按钮按下软起动开始，起动完成后控制交流接触器 KM_1 吸合，"停止"按钮用于电动机的软停车，电流过载时，电动机保护停车，还有些软起动器需要外接热继电器，利用热继电器的触头输入软起动器来保护电动机避免过载，不过原理基本一样，也有些软起动器内部带有电流检测不需外接电流互感器，电动机软起动过程完成后 KM_1 吸合电动机切换到全压运行。

软起动器的外形如图 5-4 所示。

图 5-4　软起动器的外形

常见型号：CMC、DSS、STR、3RW 等。
生产厂家：西安西弛电气有限公司、ABB 电气传动有限公司等。

5.3　变频器

变频器顾名思义是提供可变频率电源的装置，大家知道三相交流电动机的转速 n 表达式
为

$$n = (1 - s) \times n_0 = (1 - s) \times (120 \times f/p) \tag{5-2}$$

式中　　n——电动机转子转速 r/min；

$\quad\quad n_0$——电动机定子上的磁场旋转的转速 r/min，$n_0 = (120 \times f/p)$；

$\quad\quad s$——转差率，$s = (n_0 - n)/n_0$，s 代表的是电动机转子输出的旋转速度同定子上的磁场
旋转速度之间的差异，同步三相交流电动机的转差率 $s = 0$，电动机转子输出的旋
转速度同定子上的磁场旋转速度相等，异步三相交流电动机的转差率 $s > 0$；

$\quad\quad f$——电动机供电电源的频率；

$\quad\quad p$——电动机的极数（它是成对出现的），有 2、4、6、8 极电动机等。

从式（5-2）可以看出交流电动机的调速途径不外乎三种：一是改变频率 f，二是改变极
数 p，三是改变转差率 s。

变频器主要用于向三相交流电动机提供可变频率的电源，以实现交流电动机的无极调
速。由于交流电动机没有直流电动机的易损部件——电刷，维护简单，再加上变频器价格的
快速下降，所以近年来交流调速发展迅速。

变频器的选型首先是功率要与电动机匹配，二是负载性质与变频器类型要匹配，有些厂
家的变频器分水泵风机类（适用于平方转矩负载）和通用类（适用于恒转矩（如机床）和
平方转矩负载），两种类型的变频器价格不同，一般水泵风机类变频器价格要低一些。

变频器面板上有显示器和按键，显示器可以显示输出频率，输出电压、电流，设定参数
等，参数输入方法不同的厂家会有所不同，具体方法应参考厂家的产品说明书。

变频器应用必须输入被驱动电动机的参数：额定功率、额定电流、额定电压、额定转
速、电动机极数、空载电流、电动机阻抗和感抗等，如果电动机说明书上没有这些参数，则
采用变频器（与电动机相同功率）
的出厂默认值，很多变频器提供
电动机阻抗和感抗在线测试功能。
变频器需要输入的主要控制参数
有以下几项：电源电压（如 AC
380V）、输出最小频率（如 0Hz）、
输出最大频率（如 50Hz）、升速
时间（如 0.1 ~ 3600s）、降速时间
（如 0.1 ~ 3600s）、转矩提升选择
等。一般情况下，其他参数可采
用默认值，如有特殊要求需要参
照厂家的变频器说明书。

变频器的主要接线如图 5-5，
其中 R、S、T 为三相主电源（也

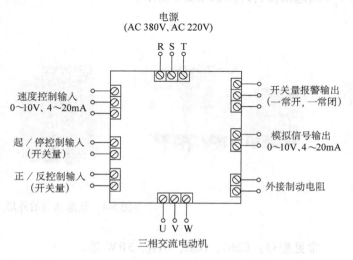

图 5-5　变频器的主要接线

有单相 AC220V 的变频器），U、V、W 接三相交流电动机，速度控制输入为模拟量 0～10V 或 4～20mA 信号，起/停控制输入（开关量）控制电动机的起停，正/反转控制（开关量）控制电动机的转向，报警输出（开关量）用于通知外部控制设备变频器的报警状态或运行状态，当电动机需要经常处于发电状态（如急停、重物下放等）时需接制动电阻，模拟信号输出主要用于输出当前变频器的频率、电流或转矩等参数，变频器的其他接线多数情况下可以不用。

多数变频器提供两种控制方式，一是利用变频器上的面板改变输出频率、电动机起停及正反转，二是用外部模拟信号（0～10V 或 4～20mA）控制频率变化，外部起停开关信号控制电动机起停，正反开关信号控制电动机正反转。此外变频器也可以用通信方式进行控制，目前也有很多变频器本身带有 PID 和可以编程的 PLC 功能，其功效也和 PID 差不多，这样的变频器就不用外加 PID 控制器了，此功能在此不再讲述。当变频器到电动机的距离较远时，变频器的输出需要接输出电抗器。变频器的外形如图 5-6 所示。

图 5-6　几种变频器的外形

常见型号：ACS600、FRENIC-MEGA 等
生产厂家：成都佳灵电气制造有限公司、富士电机株式会社等

5.4　直流电动机调速器

在变频器大量应用之前，直流电动机及直流电动机调速器一直是电动机拖动领域调速控制的主角，它的应用时间可以追朔到很久以前。直流电动机的转速 n_1 表达式为

$$n_1 = K \times (U - I \times r - 2 \times \Delta U) / \phi_1 \tag{5-3}$$

式中　n_1——直流电动机的输出转速；

　　　K——常数；

　　　U——电枢电压；

　　　I——电枢电流；

　　　r——电枢内部电阻；

　　ΔU——一个电刷上的电压降；

　　　ϕ_1——励磁线圈产生的励磁磁通量。

从式（5-3）可以看出，直流电动机的调速方式主要有两种：一是改变电枢绕组上的电压，二是改变励磁绕组上的励磁电流。一般情况下，在电动机的额定功率以下用改变电枢电压的方式实现电动机的无级调速，当电动机转速超过额定功率时用减弱励磁的方式实现恒功率调速。直流调速器的主要参数有以下几项：被控电动机的额定电压、额定电流、额定功率、额定转速、升降速时间，速度控制环的调节器参数，电流控制环的 PI 调节参数、最大允许电流值、编码器参数等。直流电动机调速器的参数可以通过控制面板上的按键及显示屏按厂家的说明书修改，直流调速器的接线如图 5-7 所示。

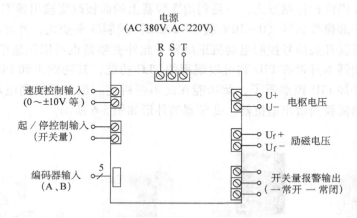

图 5-7 直流调速器的主要接线

在图 5-7 中，R、S、T 接三相交流电源（也有的是接单相电源 AC 220V），U + 和 U − 接电枢绕组，Uf + 和 Uf − 接电动机的励磁绕组，电动机的速度及起停可由面板控制也可以由外部的模拟信号（0 ~ ±10V）和开关信号控制，闭环控制时，通过编码器输入速度和位置信号控制。

直流调速器的外形如图 5-8 所示。

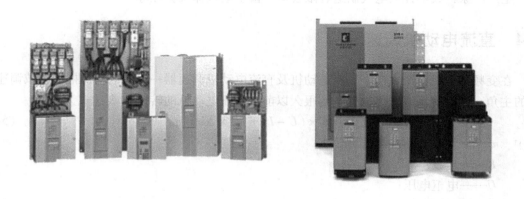

图 5-8 几种直流调速器的外形

常见型号：SSD、6RA 等。
生产厂家：英国欧陆公司、德国西门子公司等。

5.5　交流伺服电动机驱动器

　　交流伺服电动机及伺服驱动器与变频器的使用方法很类似，其中很多参数的设置也很相近，伺服驱动器与普通变频器最主要的不同是它的控制精度更高，控制速度也更快，它有一个电动机编码器的输入口（目前有些变频器也提供编码器输入口），伺服驱动器一般还有一对用于伺服驱动器之间互相连接的编码器脉冲输入口和编码器脉冲输出口，这可以方便地实现伺服驱动器相互之间速度的精确比例同步，所以伺服驱动器上还有同步因子，一项用于输入被跟踪轴的脉冲数，一项用于输入本伺服电动机相对应的跟踪脉冲数，伺服驱动器可以被用来进行定位控制，由输入信号决定电动机所走脉冲数的多少和方向。伺服驱动器可以通过面板控制转速和起停，有的也可用通信方式来控制，一般伺服驱动器的接线如图 5-9 所示。

　　在图中 5-9 中，R、S、T 接三相交流电源（也有的接单相电源 AC 220V），U、V、W 接交流伺服电动机，使能信号输入端用于控制伺服电动机的运行与否，速度控制输入（0 ~ ±10V）端用于控制伺服电动机的速度，使能信号控制伺服驱动器是否工作，脉冲指令输入端接要跟踪的前一级电动机或驱动轴的编码器，也可以接其他控制器的编码器指令输出，脉冲指令输出用于将本伺服电动机的位置送到下一级伺服驱动器作为跟踪指令，编码器反馈接伺服电动机上的编码器，通信口用于同其他控制器（如 PLC）进

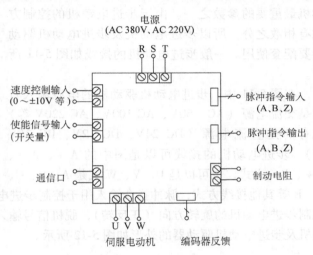

图 5-9　伺服驱动器的主要接线

行数据传输与控制。伺服驱动器主要根据输出转矩、最高速度、编码器分辨率、供电电源和安装方式等选择。伺服驱动器需设定的主要参数有：运行控制方式是速度模式、位置模式还是转矩模式；控制途径，最大转矩，最高转速等。当工件运动需要较大的加速度（2 ~ 10g）及无机械间隙的精度运动时，需要使用小巧的直线电动机及伺服驱动器。伺服驱动器的外形如图 5-10 所示。

图 5-10　伺服驱动器的外形

常见型号：SGDM、MSMA 等。

生产厂家：北京时光科技有限公司、日本松下公司等。

5.6 步进电动机与步进电动机驱动器

步进电动机与步进电动机驱动器在一些不需要太高精度和太高动态性能的情况下，应用非常广泛，它可以直接实现同步控制和定位控制而不需要像编码器那样的反馈信号，步进电动机的主要参数是步距角、工作转矩、保持转矩、定位转矩、空载起动频率、最高运行速度、控制方式和电源电压等。步进电动机的最小步距角决定了步进电动机的开环控制精度，因此步距角是步进电动机最重要的参数之一。由于步进电动机的控制方式有相数之分，所以步进电动机及步进电动机驱动器要配套使用。一般步进电动机的接线如图 5-11 所示。

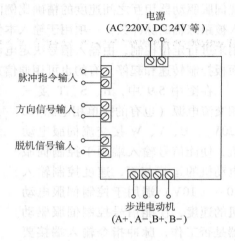

图 5-11　步进电动机的接线

在图 5-11 中，步进电动机驱动器的电源输入有的是交流电源（AC 60V、AC 100V、AC 220V 等）也有的是直流电源（DC 24V、DC 12V、DC 36V 等），步进电动机的接线可以是图中的 A +、A −、B +、B − 方式，也可以是 U、V、W 或是 A、B、C、D、E 等其他接线方式，脉冲指令输入用于控制步进电动机运行的步数，方向控制输入用于控制步进电动机的旋转方向（正反转），脱机信号输入使步进电动机处于自由状态。步进电动机及步进电动机驱动器的外形如图 5-12 所示。

图 5-12　步进电动机及步进电动机驱动器的外形

常见型号：SH、BYG、XMTD、WD 等。

生产厂家：北京和利时电机技术有限公司、德国百格拉公司等。

5.7 CMC 型软起动器的快速入门

5.7.1 目的

利用软起动器对三相交流电动机进行软起动，避免直接起动对电网的冲击，避免直接起动带来的机械冲击。

5.7.2　需要掌握的要领

1）软起动器的输入电压与被起动电动机的工作电压要一致。

2）软起动器的适配电动机功率与被起动电动机的额定功率要匹配。

3）设定软起动时间 0~60s，选择 0s 则按最大起动电流起动。

4）设定软停车时间 0~60s，选择 0s 则为自由停车。

5）设定电动机最大起动电流（额定电流的 2~5 倍）。

6）设定起动初始电压（停车终止电压）的百分比，选择 100%则为全压无触点直接起动。

7）正确的接线。

5.7.3　外观

CMC-M 型软起动器外观如图 5-13 所示。

5.7.4　接线图

CMC-M 型软起动器的接线如图 5-14 所示。

图 5-13　CMC-M 型软起动器外观

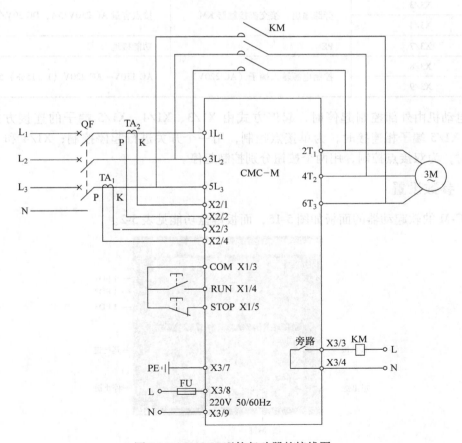

图 5-14　CMC-M 型软起动器的接线图

在图5-14中，TA_1 和 TA_2 为电流互感器，$1L_1$、$3L_2$、$5L_3$ 接电源端，$2T_1$、$4T_2$、$6T_3$ 接电动机端，一定要注意交流接触器 KM 触头上 $1L_1$、$3L_2$、$5L_3$ 和 $2T_1$、$4T_2$、$6T_3$ 的对应连接关系，否则将因短路损害内部晶闸管，KM 闭合电动机全压运行起动过程结束，交换电动机上的相序将改变旋转方向。

CMC-M 系列软起动器的控制端子说明见表5-1。

表 5-1　软起动器控制端子说明

	端子号	端子名称	说　　明
主回路	1L1、3L2、5L3	交流电源输入端子	接三相交流电源
	2T1、4T2、6T3	软起动输出端子	接三相异步电动机
控制回路	X1/3	COM	逻辑输入公共端
	X1/4	外控起动端子（RUN）	X1/3 与 X1/4 短接则起动
	X1/5	外控停止端子（STOP）	X1/3 与 X1/5 断开则停止
	X2/1	L1 相电流检测输入端子（TA1）	L1 相电流检测
	X2/2		
	X2/3	L3 相电流检测输入端子（TA2）	L3 相电流检测
	X2/4		
	X3/3	旁路输出，接交流接触器 KM	接点容量 AC 250V/5A，DC 30V/5A
	X3/4		
	X3/7	PE	功能接地
	X3/8	控制电源输入端子（AC 220V）	AC 110V—AC 220V（1±15%）50/60Hz
	X3/9		

当电动机由外部控制起停时，起停方式由 X1/3、X1/4、X1/5 端子的连接方式确定，X1/4 和 X1/5 端子相连接时，为单接点控制，用一个开关进行起停控制；X1/4 和 X1/5 端子分开时，为双接点控制，用两个按钮分别控制起停。

5.7.5　参数设置

CMC-M 的软起动器的面板如图5-15，面板键盘功能见表5-2。

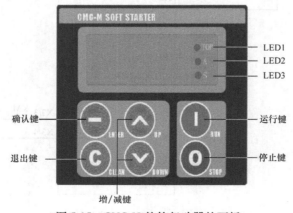

图 5-15　CMC-M 的软起动器的面板

表 5-2　CMC-M 的软起动器的面板按键说明

符号	名称	功能说明
—	确认键	进入菜单项，确认需要修改数据的参数项
∧	递增键	参数项或数据的递增操作
∨	递减键	参数项或数据的递减操作
C	退出键	确认修改的参数数据、退出参数项、退出参数菜单
RUN	运行键	键操作有效时，用于运行操作，并且端子排 X1 的 3、5 端子短接
STOP	停止键	键操作有效时，用于停止操作，故障状态下按下 STOP 键 4s 以上可复位当前故障

CMC-M 软起动器修改参数的流程如图 5-16 所示。

设置 C200，0 为外部接线端子控制，1 为操作键盘控制。

如果需要快速起动，可以采用限电流软起动方式，设置斜坡时间 C004 为 0s，设置限流倍数 C005 为电动机额定电流的 100% ~ 500%，如 350%。

如果需要平稳起动可以采用电压斜坡起动方式，设置起动斜坡方式 C00 为 0，设置起始电压 C003 为额定电压的 20% ~ 100%，如 10%，设置斜坡时间 C004 为 1 ~ 60s，设置限流倍数 C005 为电动机额定电流的 100% ~ 500%，如 350%。

自由停车方式，设置软停时间 C007 为 0s，设置刹车时间 C009 为 0s。

软停车方式，设置软停时间 C007 为 1 ~ 60s。

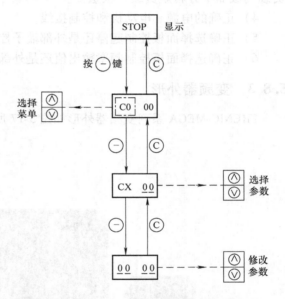

图 5-16　CMC-M 的软起动器修改参数的流程

5.7.6　软起动器的运行

按图 5-14 接好控制线和动力线，设置 C200 为 0，为外部接线端子控制，设置斜坡时间 C004 为 0s，设置限流倍数 C005 为电动机额定电流的 350%，设置软停时间 C007 为 0s，设置刹车时间 C009 为 0s。

RUN 端子接通，电动机按额定电流的 350% 起动，STOP 端子接通，电动机自由停车。

5.8　FRENIC-MEGA 变频器的快速入门

5.8.1　目的

熟悉变频器的使用，实现三相交流电动机的无级调速。

5.8.2　需要掌握的要领

1）正确设定变频器内电动机的电压、电流、功率与实际被拖动电动机的电压、电流、功率要一致，当变频器的适配电动机功率大于实际使用电动机的功率时，注意修改变频器的有关参数，否则电动机保护功能会不匹配，正确设定基本频率和最高频率，基本频率为输出额定电压时的频率（一般选为50Hz），最高频率依据电动机允许的运行频率决定，有些专用变频电动机运行频率较高（一般大于50Hz）。

2）正确设定电动机的加速时间、减速时间，加速时间太小将会出现过电流，减速时间太小将会出现过电压。

3）正确设定电动机的转矩提升，以使得电动机有足够的起动转矩，这一点对于恒转矩负载（或非平方转矩负载）很重要。

4）正确的电源、电动机和控制接线。

5）正确选择面板控制起停还是外部端子控制起停的设定参数。

6）正确选择面板控制频率输出值还是外部端子控制频率输出值的设定参数。

5.8.3　变频器外形

FRENIC-MEGA 系列变频器外形如图 5-17 所示。

图 5-17　FRENIC-MEGA 变频器外形

5.8.4　变频器型号

变频器型号如图 5-18 所示。

5.8.5　变频器接线

接线端子基本布局如图 5-19 所示。

变频器型号说明

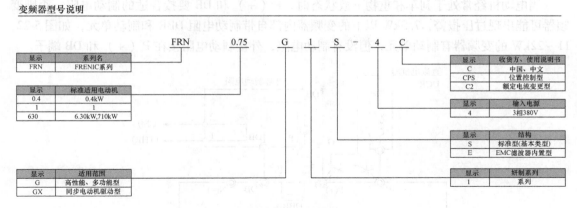

图 5-18　变频器型号

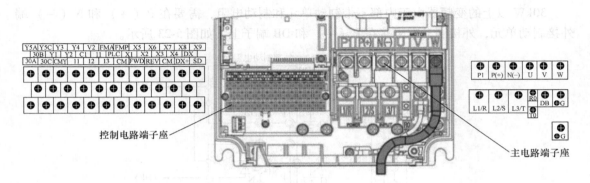

控制电路端子座

主电路端子座

图 5-19　接线端子布局

L1/R、L2/S 和 L3/T 接三相交流电源，U、V 和 W 接三相交流电动机，如图 5-20 所示，G 是接地端子，改变 U、V、W 到电动机的连接相序将改变电动机的旋转方向，动力电缆的截面积根据电动机和变频器的功率确定。与软起动器不同的是，变频器绝对不允许将三相交流电源接到变频器输出端 U、V、W 上。

P1 和 P（+）接直流电抗器 DCR，用于改善功率因数，75kW 以下的变频器可以不用，P1 和 P（+）直接短接即可，75kW 以上的变频器必须配置直流电抗器，如果不用直流电抗器 DCR，则 P1 和 P（+）一定要短接，如图 5-21 所示。

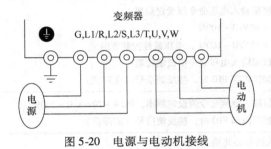

图 5-20　电源与电动机接线

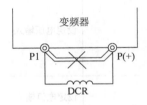

图 5-21　直流电抗器连接

当电动机经常处于刹车和重物下放状态时，P（+）和 DB 要接合适的制动电阻，否则变频器可能出现过压报警，7.5kW 以下的变频器内部自带制动电阻 DBR 和制动单元，如图 5-22，11~22kW 的变频器有制动单元，但没有制动电阻，外接制动电阻接在 P（+）和 DB 端子。

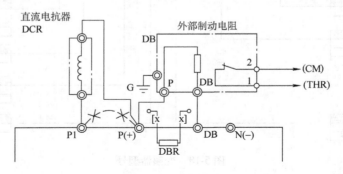

图 5-22 制动电阻的连接

30kW 以上的变频器由于内部不带制动单元和制动电阻，需要在 P（+）和 N（−）端外接制动单元，外接制动电阻接在 P（+）和 DB 端子上，如图 5-23 所示。

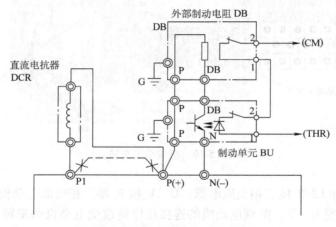

图 5-23 制动单元与制动电阻的连接

常用的控制端子功能见表 5-3。

表 5-3 常用的控制端子功能

分类	端子标记	端子名称	功能说明
模拟量输入	13	电位器电源	频率设定电位器（1~5kΩ）用电源（DC +10V）
	12	设定电压输入	1. 按外部模拟输入电压命令值设定频率 1）DC +10V/0~100% 2）DC ±10V/0~100%，电压极性控制方向 2. 按外部模拟输入电压命令值设定转矩 3. 使用变频器内部 PID 时，接反馈信号（实际值）
	C1	设定电流输入	1. 外部模拟输入电流命令值设定频率，DC 4~20mA/0~100% 2. 使用变频器内部 PID 时，接反馈信号（实际值）
	11	模拟输入信号公共端	模拟输入信号公共端

（续）

分类	端子标记	端子名称	功能说明
接点输入	FWD	正转运行/停止命令	端子 FWD-CM 间：闭合，正转运行；断开，减速停止
	REV	反转运行/停止命令	端子 REV-CM 间：闭合，反转运行；断开，减速停止
	CM	接点输入公共端	接点输入信号的公共端子
接点输出	30A、30B、30C	总报警输出继电器	变频器报警后，通过继电器触头输出，触头容量为 AC 250V/0.3A，报警类型可以通过菜单设定，如过载、过电流、过热等
模拟输出	FMA 11 为公共端子	模拟监视	输出模拟电压监视信号 DC +10V，代表被监视量的大小，被监视量可以设定为：电流、频率、转矩等

12 和 11 为外部电压信号频率控制端子，输入电压信号为 0～10V；C1 和 11 为外部电流信号频率控制端子，输入电流信号为 4～20mA；11 端子为模拟信号公共端（0V），13 端子为 +10V，用电位器控制频率时，13 端子和 11 端子提供电源，外部控制频率的接线方式如图 5-24 所示。

FWD 端子为正向运行/停止的外部控制端子，CM 为数字控制公共端，当 FWD 和 CM 闭合时电动机正向起动运行，当 FWD 和 CM 断开时电动机停止运行；REV 端子为反向运行/停止的外部控制端子，当 REV 和 CM 闭合时电动机反向起动运行，当 REV 和 CM 断开时电动机停止运行。外部控制变频器起停的接线方式如图 5-25 所示。

30A、30B 和 30C 为报警输出，30A 和 30C 为常开，30B 和 30C 为常闭，可以通过参数设定来选定是哪一种报警输出。

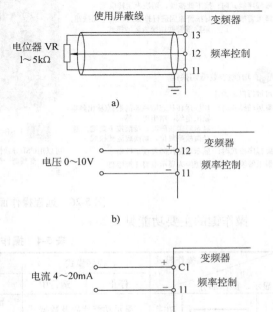

图 5-24　外部控制变频器频率

模拟输入信号和数字输入信号分别要用屏蔽线连接，屏蔽按要求接地。

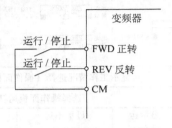

图 5-25　外部控制变频器起停

5.8.6　参数设定

变频器内部的参数设定通过远程操作面板进行，面板的外观及功能如图 5-26。

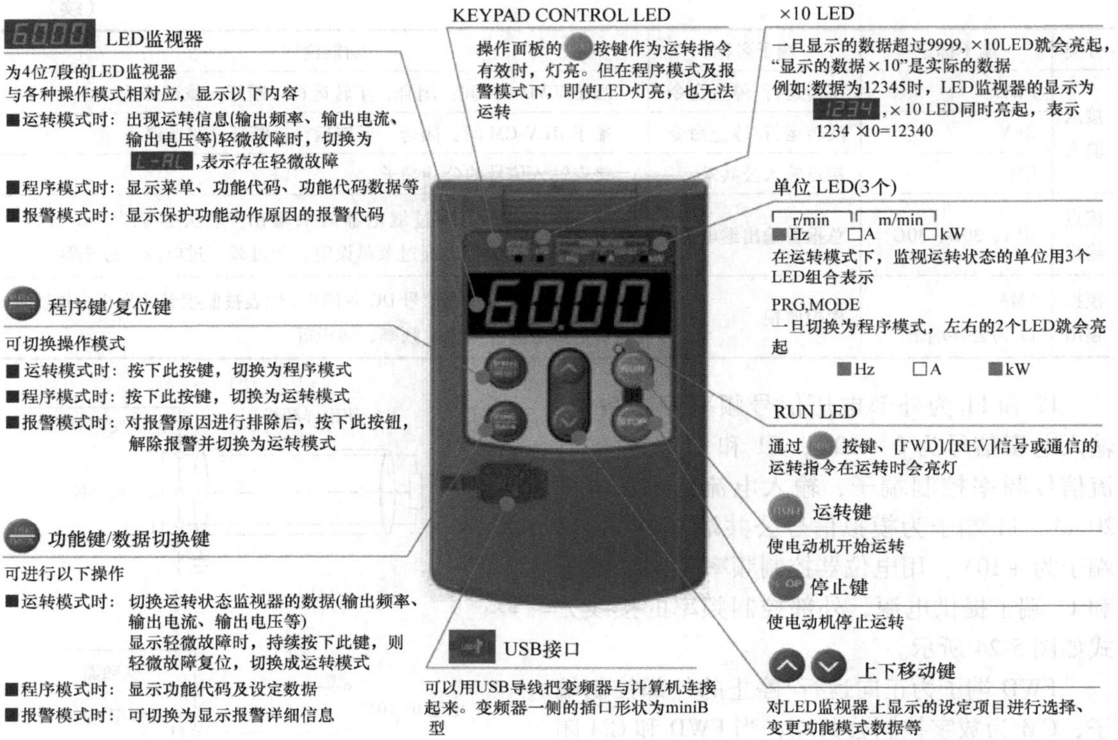

LED监视器

为4位7段的LED监视器
与各种操作模式相对应，显示以下内容
■运转模式时：出现运转信息(输出频率、输出电流、
输出电压等)轻微故障时，切换为
⌐⌐AL，表示存在轻微故障
■程序模式时：显示菜单、功能代码、功能代码数据等
■报警模式时：显示保护功能动作原因的报警代码

程序键/复位键

可切换操作模式

■运转模式时：按下此按键，切换为程序模式
■程序模式时：按下此按键，切换为运转模式
■报警模式时：对报警原因进行排除后，按下此按钮，
解除报警并切换为运转模式

功能键/数据切换键

可进行以下操作

■运转模式时：切换运转状态监视器的数据(输出频率、
输出电流、输出电压等)
显示轻微故障时，持续按下此键，则
轻微故障复位，切换成运转模式
■程序模式时：显示功能代码及设定数据
■报警模式时：可切换为显示报警详细信息

USB接口

可以用USB导线把变频器与计算机连接
起来。变频器一侧的插口形状为miniB
型

KEYPAD CONTROL LED

操作面板的 按键作为运转指令
有效时，灯亮。但在程序模式及报
警模式下，即使LED灯亮，也无法
运转

×10 LED

一旦显示的数据超过9999，×10LED就会亮起，
"显示的数据×10"是实际的数据
例如：数据为12345时，LED监视器的显示为
1234，×10 LED同时亮起，表示
1234 ×10=12340

单位 LED(3个)

□r/min □m/min
■Hz □A □kW

在运转模式下，监视运转状态的单位用3个
LED组合表示

PRG,MODE
一旦切换为程序模式，左右的2个LED就会亮
起

■Hz □A ■kW

RUN LED

通过 按键、[FWD]/[REV]信号或通信的
运转指令在运转时会亮灯

运转键

使电动机开始运转

停止键

使电动机停止运转

上下移动键

对LED监视器上显示的设定项目进行选择、
变更功能模式数据等

图5-26　远程操作面板面板的外观及功能

操作键的主要功能见表5-4。

表5-4　操作键的主要功能

操作模式 显示、操作部分			程序模式		运转模式		报警模式
			停止	运行中	停止	运行中	
显示部分	8.8.8.8.	功能	显示功能代码及数据		显示输出频率、设定频率、负载转速、功率消耗、输出电流、输出电压等		显示报警内容及报警记录
		显示	灯亮	闪烁	灯亮		闪烁/灯亮
	□Hz □A □kW 灯亮	功能	表示处于程序模式中		显示频率、输出电流、功率消耗、转速等的单位		无
		显示	PRG.MODE ■Hz □A kW灯亮		频率显示 PRG.MODE ■Hz □A □kW 灯亮　转速显示 PRG.MODE ■Hz □A ■kW 灯亮 电流显示 PRG.MODE □Hz ■A □kW 灯亮　功率或电力显示 PRG.MODE □Hz □A ■kW 闪烁或灯亮		灯灭
	KEYPAD □CONTROL	功能	显示工作情况选择（操作面板工作/端子工作）				
		显示	选择操作面板运转时灯亮				
	○RUN	功能	显示无运转指令	显示运转指令	显示不运转指令	显示运转指令	显示跳闸停止中
		显示	○RUN 灯灭	●RUN 灯亮	○RUN 灯灭	●RUN 灯亮	一旦运行中出现报警则操作面板工作时：灯灭 端子台工作时：灯亮

（续）

操作模式 显示、操作部分		程序模式		运转模式		报警模式
		停止	运行中	停止	运行中	
操作部分	功能	切换为运转模式		切换为程序模式		解除跳闸，切换为 停止模式或运转模式
		数据设定时的位移 （光标移动）				
	功能	功能代码的设定及数 据的存储、更新		切换 LED 监视器的显示内容		显示运转信息
	功能	功能代码及数据的增 减		频率、转速等设定的增减		显示报警记录
	功能	无效		运转开始（切换 为运转模式（运行 中））	无效	无效
	功能	无效	减速至停 止（切换为 程 序 模 式 （停止））	无效	减速至停止（切 换为运转模式（停 止））	无效

程序模式、运转模式和报警模式之间的状态切换，如图 5-27 所示。

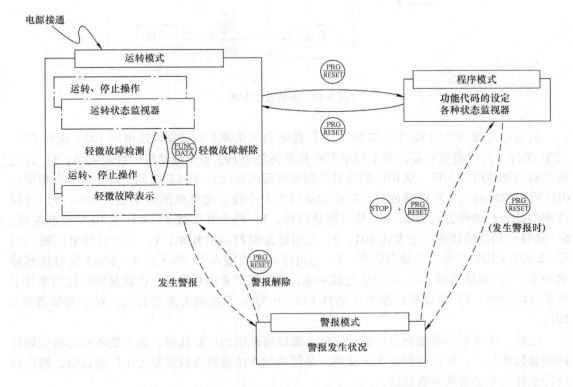

图 5-27　程序模式、运转模式和报警模式之间的状态切换

参数设定方法如图 5-28 所示。

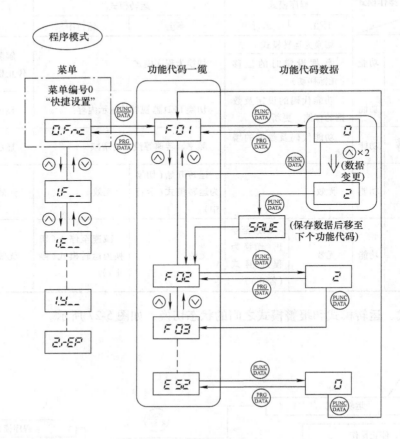

图 5-28　参数设定方法

需要设定变频器的 12 个主要参数：1）按电动机铭牌上的数据设定电压 F05、电流 P03、功率 P02；2）设定变频器的基本频率 F04 和最高频率 F03 等于电动机的额定频率；3）设定电动机的加速时间 F07（从 0Hz 到达最高频率所需的时间）和减速时间 F08（从最高频率到 0Hz 所需的时间）；4）根据负载需要的起动转矩大小设定电动机的转矩提升 F09；5）选择变频器的运行操作方式 F02，0：是用键盘起停，1：是由外部接点 FWD 或 REV 控制起停；6）选择变频器的频率设定方式 F01，0：是用键盘控制输出频率，1：是由外部电压输入端子 12 的 0～10V 信号控制输出频率，2：是由外部电流输入 C1 端子的 4～20mA 信号控制输出频率；7）规格选择 F80，0 为重过载用途，对于初学者选 0 即可，也就是变频器功率等于电动机的功率；8）电动机控制方式选择 F42，0 为 V/F 控制无滑差补偿，对于初学者选 0 即可。

注意：如果您不清楚该参数的设定值，那就请选用出厂默认值。如果您不小心将变频器内的参数调乱了，致使变频器无法使用，最简单的方法是将参数恢复为出厂默认值，然后再进行上述几个必要的参数设定。

5.8.7　变频器的运行

1）用 PLC 的 4~20mA 信号控制电动机转速，用 PLC 开关控制电动机的起停，去掉变频器电源线接 L1、L2、L3，电动机侧接 U、V、W，4~20mA 信号接 C1 和 11，开关接 FWD 和 CM，F01 选择 2，F02 选择 1，则变频器上电后自动进入远程控制运行状态，4~20mA 信号控制电动机转速，PLC 开关控制 FWD 和 CM 的闭合，进而控制电动机起停。

2）用变频器面板控制电动机转速和起停，我们变频器电源线接 L1、L2、L3，电动机侧接 U、V、W，F01 选择 0，F02 选择 0，则变频器上电后自动进入面板控制运行状态，用面板输入设定频率控制电动机转速，用面板上的 RUN 键和 STOP 键控制电动机起停。

5.8.8　运行状态监视

在变频器运行中，其运行状态的监视方法和步骤如图 5-29 所示。

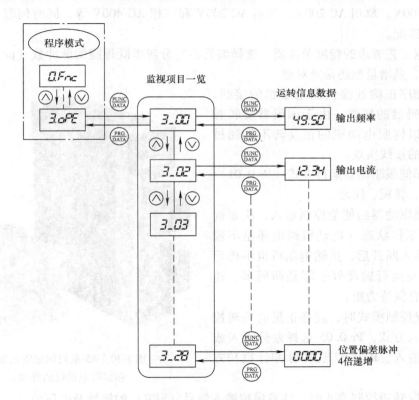

图 5-29　运行状态监视

5.8.9　注意事项

普通三相异步电动机是按额定工作状态设计的，普通三相异步电动机靠其自带的风扇来散热，当变频器驱动的普通三相异步电动机长时间工作在低转速时，风扇变慢，散热效果变差，电动机可能会因太热而停机或烧毁，如果需要长时间工作在低转速下，最好选用三相变频电动机（如 YVP 型变频调速三相异步电动机），变频电动机的散热由一个独立供电的风机解决的，所以无低速散热问题，并且变频电动机的低速起动力矩较普通电动机要高。

变频器的散热片应定期清洁，否则可能会出现热保护停机。

5.9　A5 伺服驱动器的快速入门

5.9.1　目的

利用伺服电动机和伺服驱动器实现快速高精度的位置控制和速度控制。

5.9.2　需要掌握的要领

1）选择伺服驱动器的输入电压，由于各国的供电体系不同，A5 伺服驱动器的工作电压有单相 AC 100V、单相 AC 200V、三相 AC 200V 和三相 AC 400V 等，同时伺服电动机和伺服驱动器要匹配。

2）根据工艺要求的精度及性质，选择编码器的分辨率既每圈的脉冲数（p/r），选择编码器的类型，是增量型还是绝对型。

3）按相序正确连接伺服电动机的接线，正确连接编码器的接线，由于编码器旋转有方向性，所以伺服电动机的正反转不能通过对调电动机的接线实现。

4）选择伺服驱动器运行方式（Pr 0.01）：速度、位置、转矩、闭环。

5）伺服驱动器的使能控制输入，决定伺服驱动器的工作状态（电动机通电还是不通电），使能输入断开后，虽然电动机也不再运行，但是它与运行速度等于零是两码事，速度等于零时有保持力矩。

6）位置控制模式时，选择正反向旋转控制的脉冲输入方式，Pr 0.05 选择差分输入或集电极开路输入，Pr 0.07 选择脉冲计数和方向。

图 5-30　A5 系列伺服驱动器
和伺服电动机的外观

7）速度/转矩控制模式时，注意模拟输入信号（SPR）的极性及电压值。

5.9.3　外观

A5 系列伺服驱动器和伺服电动机的外观如图 5-30 所示。

5.9.4　A5 型伺服电动机和驱动器的型号说明

A5 型伺服电动机的型号说明如图 5-31 所示。

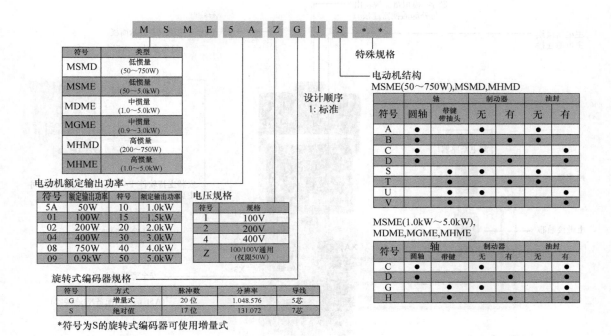

图 5-31　A5 型伺服电动机的型号说明

伺服驱动器的型号说明如图 5-32 所示。

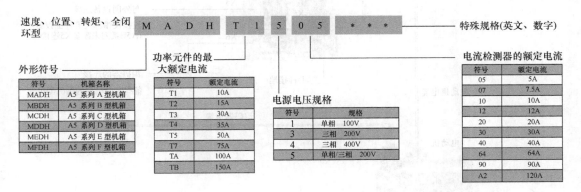

图 5-32　A5 型伺服驱动器的型号说明

5.9.5　接线端子的布局

A5 型伺服驱动器（C 机箱）的接线端子分布如图 5-33 所示。

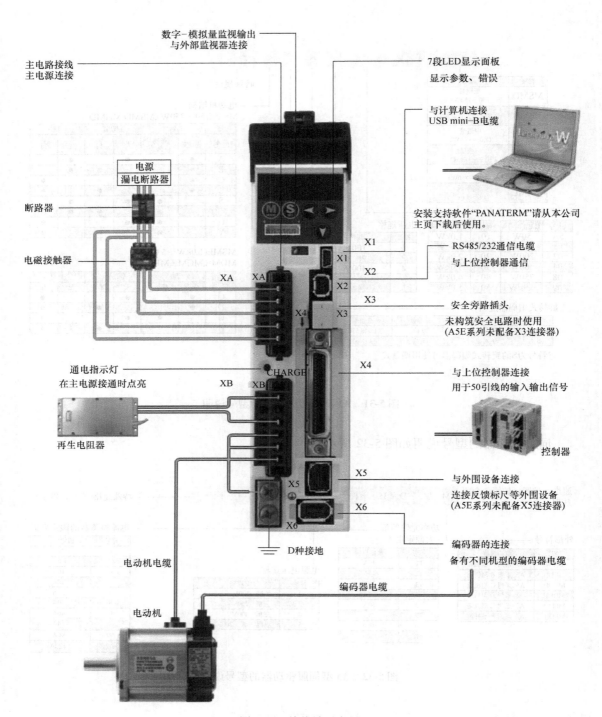

数字-模拟量监视输出
与外部监视器连接

主电路接线
主电源连接

7段LED显示面板
显示参数、错误

与计算机连接
USB mini-B电缆

电源
漏电断路器

断路器

安装支持软件"PANATERM"请从本公司
主页下载后使用。

电磁接触器

XA　　XA

X1　　X1

RS485/232通信电缆
与上位控制器通信

X2　　X2

X3　　X3

安全旁路插头
未构筑安全电路时使用
(A5E系列未配备X3连接器)

X4

通电指示灯
在主电源接通时点亮

CHARGE

X4

与上位控制器连接
用于50引线的输入输出信号

XB　　XB

控制器

再生电阻器

X5　　X5

与外围设备连接
连接反馈标尺等外围设备
(A5E系列未配备X5连接器)

X6　　X6

D种接地

编码器的连接
备有不同机型的编码器电缆

电动机电缆

编码器电缆

电动机

图 5-33　接线端子布局

5.9.6 动力接线端子

A5 型伺服驱动器动力和制动电阻接线端子 XA 和 XB 的功能见表 5-5。

表 5-5 XA 和 XB 的功能

接线端子	接线记号	信　号		详　情
XA	L_1、　（L_2）　L_3	主电源输入端子	AV 200V	在 L_1，L_3 端子间输入单相 AC 200V，或在 L_1，L_2，L_3 端子间输入三相 AC 200V
	L1C、L2C	控制电源输入端子	AC 200V	输入单相 AC 200V
XB	B1、B2、B3	制动电阻接线端子		通常 B3 和 B2 之间短路连接；如果发生再生放电电阻过载报警（Err18.0）而导致驱动器故障时，将 B3 和 B2 断开，在 B1 和 B2 之间接入一个制动电阻，接入制动电阻后，将参数 Pr6C 设置为非零数值
	U、V、W	电动机接线端子		连接到伺服电动机的 3 相绕组上，U 相、V 相和 W 相
接地端子		接地端子		连接到伺服电动机的接地端子上

当伺服电动机经常处于制动和发电状态（被拖动或重物下放）时，才需要接入制动电阻，否则，制动电阻可以不用，制动电阻接线如图 5-34 所示。

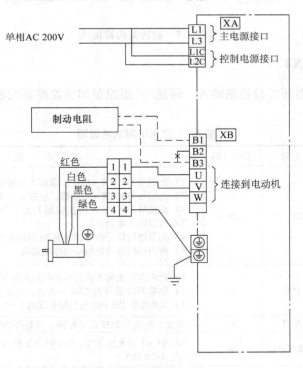

图 5-34 动力接线图

5.9.7 旋转编码器接线

A4 型伺服驱动器旋转编码器插头 X6 的功能见表 5-6。

表 5-6　旋转编码器插头 X6 的功能

信　　号	引脚号码	功　能	信　　号	引脚号码	功　能
编码器电源输出	1	E5V	编码器 I/O 信号	5	PS
	2	E0V	（串行信号）	6	PS
未用	3，4	不接	外壳接地	外壳	FG

A5 型伺服驱动器旋转编码器插头 X6 的基本接线如图 5-35 所示。

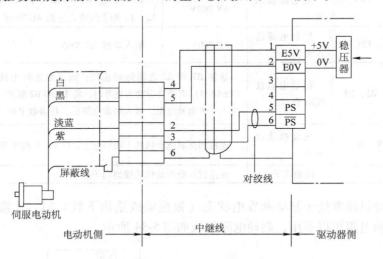

图 5-35　旋转编码器接线

5.9.8　I/O 接口 X4

A5 型伺服驱动器开关量控制输入、转速/转矩控制和位置控制的输入等常用引脚功能见表 5-7。

表 5-7　常用引脚功能说明

信　　号	记号	引脚号码	功　　能
伺服使能	SRV-ON	29	1）此信号与 COM-短接，既进入伺服使能状态（电动机通电） 2）此信号与 COM-短接后，应在至少 100ms 后再输入指令脉冲 3）此信号与 COM-的连接断开后，则伺服系统进入不使能状态（没有电流进入电动机） 4）伺服使能信号在电源接通 2s 后输入才有效 5）请勿用伺服使能信号起停电动机
正方向行程限位	POT	9	1）此引脚用来输入正方向的行程限位信号（常闭信号） 2）如果 POT 信号与 COM-断开，电动机在正方向上不产生力矩 3）如果参数 Pr5.04（行程限位无效）=0，那么 POT 信号的输入无效
逆时针行程限位	NOT	8	含义、用法与 POT 信号相同，只是控制反方向
速度/转矩输入	SPR/TRQR	14	Pr0.01 =1 为给定速度，Pr0.01 =2 和 Pr3.19 =0 为选择 AI1 为转矩给定，DC ± 10V
位置输入（A 相脉冲）	PULSH1-2	44，45	Pr0.01 =0，Pr0.05 =1（差分输入），Pr0.07 =0（A 和 B 相 90°相位差），相当于编码器 A 相脉冲
位置输入（B 相脉冲）	SIGNH1-2	46，47	Pr0.01 =0，Pr0.05 =1（差分输入），Pr0.07 =0（A 和 B 相 90°相位差），相当于编码器 B 相脉冲

A5 型伺服驱动器开关量输入，DC 12 ~ 24V 的正极接 COM + ，开关量输入与 DC 12 ~ 24V 负端的通断实现伺服使能 SVR-ON
（29）等功能；A5 型伺服驱动器用于速度方式时，设置 Pr0.01 = 1，用 ± 10V 的电压信号输入 X4 的 SPR/TRQR（14）端子，控制 A5 型伺服驱动器的输出速度及方向；A5 型伺服驱动器用于转矩输出方式时，设置 Pr0.01 = 2 和 Pr3.19 = 0，用 ± 10V 的电压信号输入 X4 的 SPR/TRQR（14）端子，控制 A5 型伺服驱动器的输出转矩及方向；A5 型伺服驱动器用于位置控制方式时，Pr0.01 = 0，Pr0.05 = 1（差分输入），Pr0.07 = 0（A 和 B 相 90° 相位差），旋转脉冲数输入引脚为 PULSH1（44）和 PULSH2（45），旋转方向输入引脚为 SIGNH1（46）和 SIGNH2（47）；伺服驱动器的脉冲输出信号为 OA +（21）、OA -（22）、OB +（48）、OB -（49）、OZ +（23）和 OZ -（24），如图 5-36 所示。

5.9.9　面板功能及参数设置

A5 型伺服驱动器的面板如图 5-37 所示。

面板按键功能见表 5-8。

模式之间的切换如图 5-38 所示。

1）速度控制模式，设置 Pr0.01 = 1，SPR/TRQR 端输入电压的大小和极性决定伺服电动机的旋转速度的大小和方向，多数参数可以采用默认值，Pr3.01 可以改变旋转方向。

2）转矩控制模式，设置 Pr0.01 = 2 和 Pr3.19 = 0 为选择 AI1 为转矩给定，SPR/TRQR 端输入电压的大小和极性决定伺服电动机输出的转矩大小和方向，多数参数可以采用默认值，Pr3.18 可以改变转矩方向。

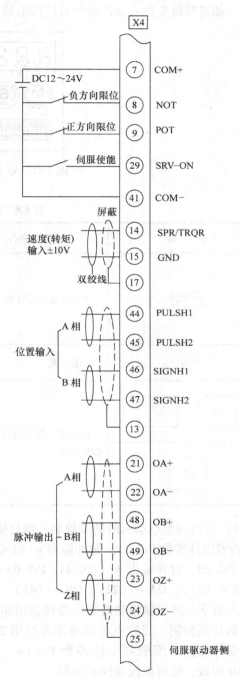

图 5-36　开关量输入、速度/转矩
输入和位置输入接线图

3）位置控制模式：设置 Pr0.01 = 0，Pr0.05 选择脉冲输入通道，Pr0.06 改变旋转方向，Pr0.07 选择计数方法，Pr0.05 = 1 表示选择差分脉冲指令输入端为 44、45、46 和 47 端子，选择 Pr0.07 = 0 表示选择位置指令输入为 A 相和 B 相 90°相位差方式，多数参数可以采用默认值，如需要改变输入脉冲指令对应的电动机旋转的脉冲数。

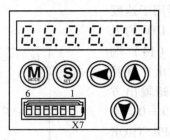

图 5-37　A5 型伺服驱动器面板

表 5-8　面板按键功能

按　键	激活条件	功　　能
MODE	在模式显示时有效	在以下 4 种模式之间切换： 1）监视器模式 2）参数设置模式 3）EEPROM 写入模式 4）辅助功能模式
SET	一直有效	用来在模式显示和执行显示之间切换
△　▽	仅对有小数点闪烁的那一位数据有效	改变各模式里的显示内容，更改参数，选择参数或执行选中的操作
◁		把可移动的小数点移动到更高位数

4）多台伺服电动机的同步控制：两台伺服电动机的同步如图 5-39 所示。①改变每旋转 1 圈的输出脉冲数 Pr0.11，脉冲输出 =（Pr0.11/编码器分辨率）×4。②改变脉冲输出分频分母 Pr5.03，脉冲输出 =（Pr0.11/ Pr5.03）×编码器脉冲数，改变伺服驱动器脉冲输出信号 OA +（21）、OA −（22）、OB +（48）、OB −（49）的脉冲输出数量，把此脉冲输出信号输入给下一级伺服驱动器的位置控制给定，就可以实现多个伺服电动机转角位置（或速度）的比例控制，当然也可以采用改变第 2 台伺服驱动器的脉冲指令输入进行同步控制。③改变每旋转 1 圈的指令脉冲数 Pr0.08。④改变指令脉冲倍频分子 Pr0.09 和倍频分母 Pr0.10 的数，也可以改变同步控制。

5.9.10　伺服电动机的运行

伺服驱动器上电后，伺服使能 SRV-ON 闭合，则伺服驱动器开始工作，参数 Pr02 的值决定伺服电动机的运行模式：速度控制、转矩控制或位置控制。

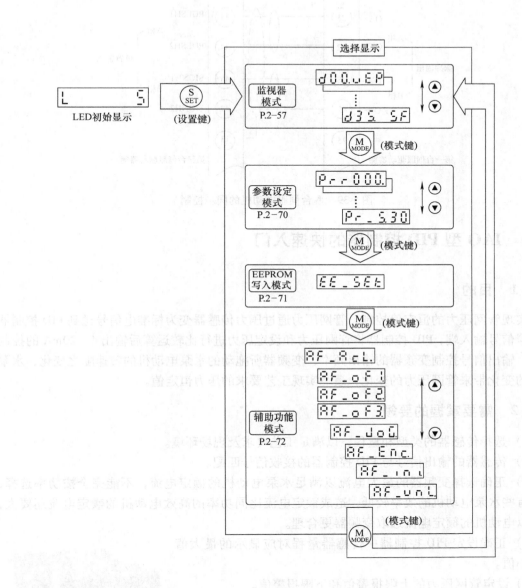

图 5-38　模式之间的转换

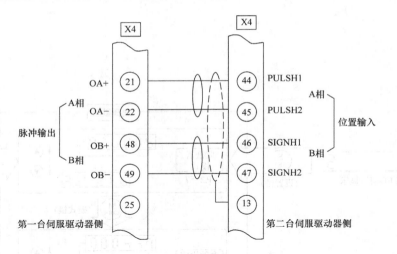

图 5-39　两台伺服电动机的同步控制

5.10　IAO 型 PID 控制器的快速入门

5.10.1　目的

实现管网压力的恒定值控制，管网压力通过压力传感器变为标准电信号送到 PID 控制器的模拟信号输入端，PID 控制器将管网压力和设定压力进行比较运算后输出 4～20mA 的控制信号，输出信号控制变频器的输出频率，变频器所拖动的水泵电动机的转速随之变化，水泵转速的变化带来管网压力的变化，最终实现工艺要求的压力恒定值。

5.10.2　需要掌握的要领

1）选择传感器的类型和量程，以满足工艺要求及现场环境。

2）传感器的输出信号与 PID 控制器的接收信号匹配。

3）正确选择变频器的最大电流以满足水泵电动机的额定电流，不能完全按功率选择，因为有些水泵电动机的效率较低，造成额定电流比同功率的高效电动机的额定电流还要大，所以以电动机的额定电流选取变频器更合理。

4）正确设定 PID 控制器中传感器量程对应显示的最大值和最小值。

5）设定管网压力的上限报警值和下限报警值。

6）正确设定 PID 控制器的正反作用。

7）选择 PID 控制器的手动/自动状态。

8）仔细调整 P、I、D 参数，以控制快速及时且不振荡为基准。

5.10.3　IAO 系列 PID 外形

IAO 系列（河北省自动化技术开发公司）PID 控制器的外形有六种，其中 96×96 尺寸的外形如图 5-40 所示。

图 5-40　IAO 系列 PID
控制器的外形

5.10.4　IAO 系列 PID 控制器的型号说明

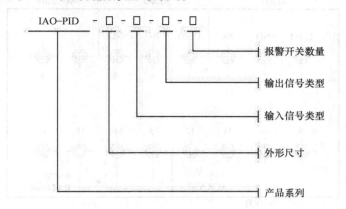

外形尺寸：48×48，96×48（横），48×96（竖），96×96，160×80（横），80×160（竖）单位：mm。

输入信号类型及代码见表 5-9。

表 5-9　输入信号类型及代码

代码	输入类型	代码	输入类型	代码	输入类型	代码	输入类型	代码	输入类型
00	K	03	T	06	B	09	Pt100	12	0~20mA（并250Ω）0~5V
01	S	04	E	07	N	10	Cu50	13	4~20mA（并250Ω）1~5V
02	Wr	05	J	08	0~1V	11	0~400Ω	14	备用

输出方式及代码见表 5-10。

表 5-10　输出方式及代码

代　码	00	01	02	03	04	05
输出方式	时间比例 SCR、SSR	线性电流 0~20mA	线性电压 0~5V	阀门控制	变送输出	备用

报警开关数量：1~2 个，继电器触点电流≤1A。

5.10.5　接线端子

IAO 系列 PID 控制器的接线端子如图 5-41 所示。

5.10.6　用 IAO 系列 PID 控制器实现恒压控制

压力传感器的压力信号输入到 PID 控制器的模拟输入端（16，15），PID 控制器的控制输出（11，12）接变频器的频率控制输入端（C1，11），根据实际需要在 PID 控制器上进行

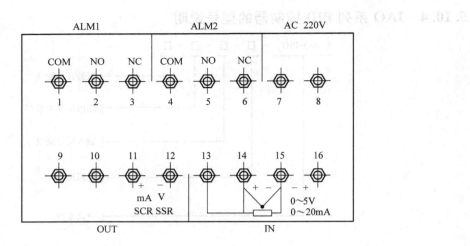

图 5-41　IAO 系列 PID 的接线端子

压力设定，根据实际压力值，PID 自动调节变频器的频率。实际值大于设定值时，降低 PID 输出，水泵转速下降，压力降低，实际值小于设定值时，增加 PID 输出，水泵转速升高，压力增加，这样就实现了自动恒压控制。系统的组成如图 5-42 所示。

5.10.7　参数设定

在 SV 窗显示设定值时，按 "∧" 键（或 "∨" 键）可以增加（或减小）设定值。

在 PV 窗显示测量值时，按下 "AT" 键，可实现自动/手动无忧切换。在自动控制状态下，MAN 指示灯灭；在手动控制状态下，MAN 指示灯亮，同时 SV 窗显示输出值。

在手动状态下，当 SV 窗显示输出值时，按 "∧" 键（或 "∨" 键）可以增加（或减小）输出值。

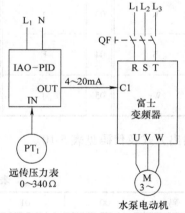

图 5-42　PID 控制器组成的恒压控制系统

在 PV 窗显示测量值的状态下，按下 "SET" 键并保持约 2 秒，仪表进入参数设置状态。在参数设置过程中，可以通过按 "∧" 键（或 "∨" 键）来增加（或减小）参数值，按 "AT" 键返回上一项参数设置，按 "SET" 键进入下一项参数设置。

LOC = 808：可显示和修改全部参数。

LOC = 0：显示参数，不允许修改，允许修改给定值。

LOC = 1：显示参数，不允许修改参数和给定值。

LOC = 其他值：不显示参数（LOC 除外），不允许修改给定值。

IAO 系列 PID 控制器参数的含义见表 5-11。

表 5-11　　IAO 系列 PID 控制器参数的含义

参　　数	参数含义	设置范围	单　　位
HIAL	上限报警	-1999 ~ 9999	1℃或 1 个定义单位
LOAL	下限报警	-1999 ~ 9999	同上
DF	回差	0 ~ 200.0 或 0 ~ 2000	0.1℃或 1 个定义单位
SN	输入规格	0 ~ 14	输入信号类型
DIP	小数点位	0 ~ 3	
DIH	输入上限显示	-1999 ~ 9999	1 定义单位
DIL	输入下限显示	-1999 ~ 9999	同上
SC	输入显示平移	-1999 ~ 9999	0.1℃或 1 个定义单位
OP1	输出方式	0 ~ 4	输出信号类型
OPH	输出上限	0 ~ 220	0.1mA 或 1%
OPL	输出下限	0 ~ 220	同上
CF	系统功能	0 ~ 3	
RUN	运行状态	0 ~ 2	
P	控制比例	0 ~ 999.9%	
TI	积分时间	1 ~ 9999	s
TD	微分时间	0 ~ 9999	s
LOC	软件锁	0 ~ 9999	无单位

当测量值大于（HIAL + DF）时，仪表进入上限报警状态；当测量值小于（HIAL - DF）时，仪表取消上限报警；当测量值小于（LOAL - DF）时，仪表进入下限报警状态；当测量值大于（LOAL + DF）时，仪表取消下限报警。

OP1 = 0，时间比例输出；OP1 = 1，线性电流输出；OP1 = 2，线性电压输出，此时需在输出端并联 250Ω 电阻；OP1 = 3，直接阀门控制，OP1 = 4：变送输出。

CF = A × 1 + B × 2，A = 0，为反作用调节方式，输入信号增大时，PID 输出趋向减小；A = 1，为正作用调节方式，输入信号增大时，输出趋向增大；B = 0，仪表无上电免除报警功能；B = 1，仪表有上电免除报警功能。

RUN = 0，手动控制；RUN = 1，自动控制；RUN = 2，自动控制，并且禁止手动。

5.10.8　参数调整

调节 P 值，可以提高系统响应速度，但太强会使系统不稳定；附加 TI 值可以消除系统稳态误差，但太强会使系统超调加大；附加 TD 值，可以减小超调、克服振荡、提高系统稳定性、改善动态性能，但太强会使系统对扰动有敏感的响应。

操作过程为：在不发生振荡条件下增大 P 值，加强比例调节作用；在不发生振荡条件下减小 TI 值，增大积分调节作用；在不发生振荡条件下增加 TD 值，增大微分调节作用。

1）如有图 5-50 所示的情况，请增大 P 的设定值，在图 5-43 中，PV 为实际测量值。

2）如有图 5-44 所示的情况，请减少 P 的设定值。

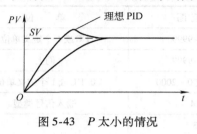

图 5-43　P 太小的情况

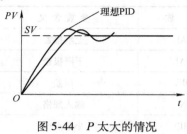

图 5-44　P 太大的情况

3）如有图 5-45 所示的情况，请增加 I 或减少 P 的设定值。

4）如有图 5-46 所示的情况，请减少 D 的设定值。

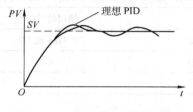

图 5-45　I 太小或 P 太大的情况

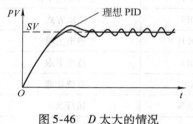

图 5-46　D 太大的情况

5.10.9　注意事项

P、I、D 参数到底是增大作用变强还是减少作用变强，因不同厂家的 PID 而异，这一点初学者一定要引起注意。

5.11　ST 系列步进电动机驱动器

5.11.1　目的

掌握步进电动机驱动器的基本使用方法。

5.11.2　需要掌握的要领

1）选择步进电动机，确认步进电动机的矩频特性（速度和转矩之间的关系）和转矩能满足负载的功率要求以及加减速要求。

2）选择步进电动机每转的步数（步距角及细分等级）满足系统的控制精度。

3）正确使用步进电动机驱动器。

5.11.3　外形

ST-28H 步进电动机和步进电动机驱动器的外形如图 5-47 所示。

5.11.4　接线端子

ST-28H 步进电动机驱动器的接线端子如图 5-48 所示。

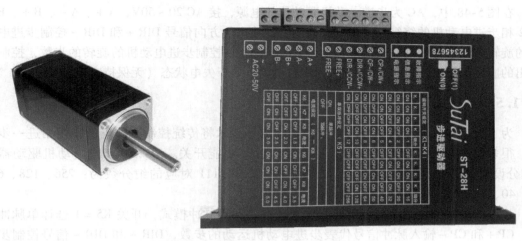

图 5-47　ST-28H 步进电动机和驱动器外形

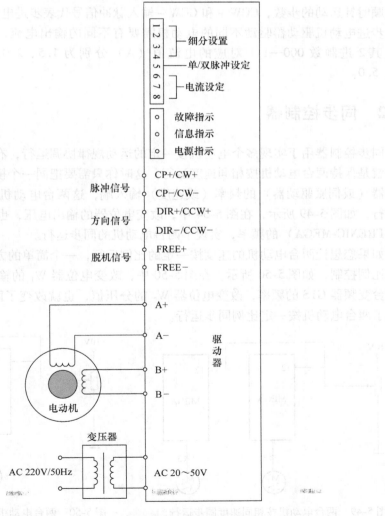

图 5-48　ST-28H 步进电动机驱动器接线端子

在图 5-48 中，AC 为步进电动机驱动器的电源，接 AC 20～50V，A+、A-、B+、B- 接 2 相步进电动机的绕组，PLC 或其他控制器输出的方向信号 DIR+ 和 DIR- 控制步进电动机的旋转方向，控制器输出的脉冲信号 CP+ 和 CP- 控制步进电动机的旋转的步数，控制器输出的脱机信号 FREE+ 和 FREE- 使步进电动机处于失电状态（无保持力矩）。

5.11.5　参数设定

为了提高步进电动机的运行精度，利用细分技术将传统控制方式下的步距角进一步细化，很多步进电动机驱动器都提供"细分设置"功能开关。ST-28H 步进电动机驱动器的"细分设置"开关位置为 K1-K4，二进制数 0000—1111 对应的细分数为：256、128、64、50、40、32、20、16、12、10、8、6、5、4、2、1。

步进电动机的控制模式有两种：单脉冲模式和双脉冲模式，开关 K5=1 选择单脉冲模式，CP+ 和 CP- 输入脉冲信号代表步进电动机运动的步数，DIR+ 和 DIR- 信号控制步进电动机的旋转方向，开关 K5=0 选择双脉冲模式，CW+ 和 CW- 输入脉冲信号代表步进电动机顺时针运动的步数，CCW+ 和 CCW- 输入脉冲信号代表步进电动机逆时针运动的步数。

步进电动机驱动器驱动不同的电动机需要有不同的输出电流，"电流选择"开关 K6-K8，其 2 进制数 000—111 对应的电流值（A）分别为 1.5、2.0、2.5、3.0、3.5、4.0、4.5、5.0。

5.12　同步控制器

同步控制器用于实现多个电动机按一定的运动规律协调运行，有时一个简单的同步控制也许就是保持两台电动机按相同速度运行，这时你只需要把同一个模拟信号同时送给这两台变频器（或伺服驱动器）的频率（或速度）输入端，这两台电动机基本上就会按相同的速度运行，如图 5-49 所示，在图 5-54 中，改变电位器的输出电压，也就同时改变了两台变频器（FRENIC-MEGA）的频率，实现了两台电动机的同步运行。

如果您想让两台电动机的速度按一定的比例运行，一个简单的方法是用一个电位器分压实现比例控制，如图 5-50 所示，在图 5-50 中，改变电位器 W_1 的输出电压，也就同时改变了两台变频器 G1S 的频率，改变电位器 W_2 的分压值，也就改变了两台变频器的频率比例，实现了两台电动机按一定比例同步运行。

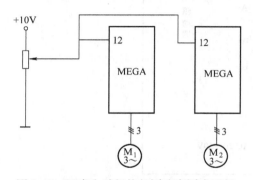

图 5-49　两台电动机按相同速度同步运行

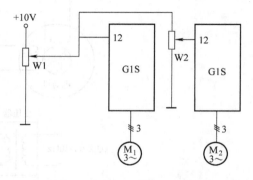

图 5-50　两台电动机的速度按一定比例运行

在上述两个例子中，把电位器换成 PLC（或其他控制器）的模拟输出就可以基本实现自动控制了。由于两台变频器频率输入端有一定的差异，可能会造成两台变频器实际输出的频率不一致，为了实现两个变频器输出频率的精确比例关系，我们可以改进用 PLC 的 RS485 口与变频器的 RS485 总线连接，如图 5-51 所示，通过总线给出按比例的频率，这种方式的同步精度就精确多了。

由于电动机的实际速度除了受频率控制外，还受负载轻重的影响，在同一个频率下，负载重时可能速度就要慢，负载轻时可能速度就要快。一个简单的解决方法是选用三相永磁同步电动机（如 TYBZ 型三相永磁同步电动机），只要选择三相永磁同步电动机的功率有富裕，三相永磁交流同步电动机的转速就只与输入的频率成正比，而与负载轻重几乎无关。但是要想实现真正高精度的同步运行，还是要检测电动机的实际速度，要用闭环控制来保证速度的精确一致，利用变频器附加的闭环同步卡和电动机侧附加的编码器组成闭环，就可以保证速度的精确同步，如图 5-52 所示。

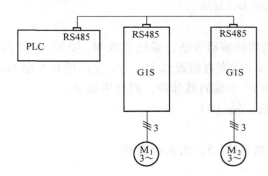

图 5-51　总线给出频率值

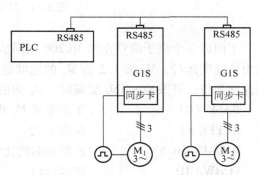

图 5-52　用同步卡实现速度精确同步

利用 A5 伺服驱动器自带的脉冲信号输入和旋转编码器信号输出口，通过级联方式可以实现精确的比例同步关系，如图 5-53 所示，通过修改伺服驱动器输出的脉冲分频分子和分母 Pr0.11 和 Pr5.03 的参数就可以实现伺服电动机之间速度（或位置）按比例运行，M_2、M_3、M_4、M_5 可以准确实现对电动机 M_1 的比例随动跟踪。

可以实现同步的方式很多，下面我们介绍一种可以实现较复杂控制的同步控制器——MC206 型同步控制器（由河北省自动化技术开发公司提供资料），该控制器可以实现多台伺服电动机（或步进电动机）精确同步控制。该控制器有几路模拟输出信号用于控制伺服驱动器的速度给定输入，有几个编码器脉冲输入口用于接受伺服驱

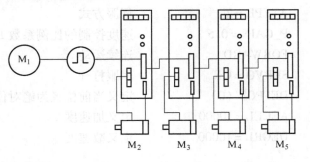

图 5-53　利用伺服驱动器的脉冲输入输出口实现同步

动器的旋转编码器信号输出，控制器通过伺服驱动器的编码器脉冲反馈，调节到伺服驱动器的速度给定值，使伺服电动机按照给出的控制规律精确运行，MC206 型同步控制器组成的同步控制系统如图 5-54 所示。

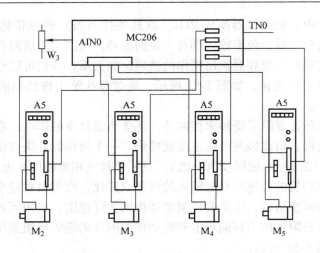

图 5-54　MC206 型同步控制器

　　下面以一个例子简单介绍 MC206 型同步控制器的编程方法，系统要求 M_2 按 W_3 电位器给出的速度运行，M_3 按 1.2 倍 M_2 的速度运行，M_4 速度直接跟踪 M_3，M_5 反向按 0.5 倍 M_4 的速度运行，开关输入 IN0 变高时，M_4 向后运动 20 个编码器脉冲，则程序如下：

BASE（0）	下面定义 M_2 电动机：轴（0）
ATYPE = 2	伺服方式
P_GAIN = 0.5	速度控制的比例系数 P = 0.5，太大会振动
FORWARD	连续运动
SERVO = ON	伺服打开
DEFPOS（0）	定义当前位置为绝对位置 0
ACCEL = 10000	定义加速度
DECRL = 10000	定义减速度
BASE（1）	下面定义 M_3 电动机（1）轴
ATYPE = 2	伺服方式
P_GAIN = 0.5	速度控制的比例系数 P = 0.5，太大会振动
FORWARD	连续运动
SERVO = ON	伺服打开
DEFPOS（0）	定义当前位置为绝对位置 0
ACCEL = 10000	定义加速度
DECRL = 10000	定义减速度
BASE（2）	下面定义 M_4 电动机（2）轴
ATYPE = 2	伺服方式
P_GAIN = 0.5	速度控制的比例系数 P = 0.5，太大会振动
FORWARD	连续运动

```
SERVO = ON                          伺服打开
DEFPOS (0)                          定义当前位置为绝对位置 0
ACCEL = 10000                       定义加速度
DECRL = 10000                       定义减速度


BASE (3)                            下面定义 M₅ 电动机 (3) 轴
ATYPE = 2                           伺服方式
P_GAIN = 0.5                        速度控制的比例系数 P = 0.5, 太大会振动
FORWARD                             连续运动
SERVO = ON                          伺服打开
DEFPOS (0)                          定义当前位置为绝对位置 0
ACCEL = 10000                       定义加速度
DECRL = 10000                       定义减速度


Loop:
WDOG = ON                           同步运行开始
SPEED AXIS (0) = 1.0 * AIN0         轴 (0) 速度与电位器电压 AIN0 成正比
CONNECT (1.2, 0) AIXS (1)           轴 (1) 速度按 1.2 倍速度跟踪轴 (0)
ADDAX (1) AXIS (2)                  轴 (2) 按轴 (1) 速度运行
CONNECT (-0.5, 2) AIXS (3)          轴 (3) 反向按轴 (2) 0.5 倍速度跟踪
IF IN0 = 1 THEN                     IN0 有输入
MOVE (20) AXIS (2)                  轴 (2) 向前运动 20 个脉冲单位
ENDIF
Goto loop
```

对于需要按坐标运动的场合（如数控机床），可以利用 MOV（X1，X2）和 MOVECIRC（E1，E2，C1，C2，D）两句指令即可完成。

```
Base (0, 2)                         定义轴 (0) 和轴 (2)
MOV (X1, X2)                        表示从当前位置, 轴 (0) 方向运动 X1 脉冲,
                                    轴 (2) 方向运动 X2 脉冲。
MOVECIRC (E1, E2, C1, C2, D)        表示从当前的位置以 (C1, C2) 为圆中心点,
                                    按照圆弧运动到 (E1, E2) 坐标位置, 方向为
                                    D (D = 0: 逆时针, D = 1: 顺时针)。
```

对于切大张或飞剪等同步控制，可以使用 MOVELINK 指令来实现，定义主轴和从轴，假定 2 轴为主轴，3 轴为从轴，2 轴一直匀速向前运动，3 轴依 2 轴的运动，进行加速跟随 2 轴、等速运行和减速运行，运动单位可以是毫米或米。

```
Base (3)                            定义从轴 (3)
MOVELINK (D1, D2, A, 0, 2)          D1 表示从轴运动的距离, D2 表示主轴运动的距
```

离，D2 必须大于 2 × D1；A 代表主轴移动的距离对应从轴加速移动 D1，A 小于等于 D2，A 小于 D2 时，表示后面的（D2 − A）距离为等速，2 表示主轴为 2 轴。

MOVELINK（E1，E2，0，0，2）　　　E1 = E2，从轴 3 和主轴 2 轴等速运动 E2 距离。

MOVELINK（F1，F2，0，C，2）　　　F1 表示从轴运动的距离，F2 表示主轴运动的距离，F2 必须大于 2 × F1；C 代表主轴移动的距离对应从轴加速移动 F1，C 小于等于 F2，C 小于 F2 时，表示前面的（F2 − C）距离为等速运动。

从轴 3 移动的总距离为 D1 + E1 + F1 = G1，主轴 2 移动的总距离为 D2 + E2 + F2 = G2，上面三条程序可以叠加成一条程序：

MOVELINK（G1，G2，A，C，2）

如果从轴 3 停止移动，主轴 2 运动距离 H2，则程序为：

MOVELINK（0，H2，0，0，2）

如果是飞剪机构，动作后，剪刀还需要返回原位，D1 可以是负值（反向移动）：

WAIT UNTIL NTYPE = 0　　　　　　等待动作完成。

OP（X，ON）　　　　　　　　　　　第 X 位输出，激活飞剪。

MOVELINK（D1，D2，A，C，2）　　　D1 小于 0，D2 大于 2 倍的 D1 绝对值，A = C，表示匀加速匀减速返回，A + C 需小于等于 D2，中间 D2 −（A + C）距离为等速运行长度。

利用 Mark 指令和 REG_POS 指令，可以精确读取套准标记发生时伺服电动机的准确位置，因为 Mark 指令为中断指令，它可以直接将套准标记到来时的位置放入 REG_ POS。如果用 IN（X）指令和 MPOS 指令则读出的位置精度较差，因为这两个指令的执行时间与同步控制器程序的循环时间有关。

第6章　人机界面与组态软件

6.1　人机界面

6.1.1　人机界面的主要用途

人机界面（HMI、MMI）一般用于与PLC、变频器、PID等控制器进行通信，人机界面一般用于显示和记录PLC等控制器中采集或计算出的数据，并将需要控制的设定数值或设备的开关信号送入PLC等控制器中，带有触摸功能的人机界面可以在液晶显示屏上直接开关显示屏界面上的按钮和输入数据，带薄膜按键的人机界面需要按下显示屏上的按键输入数据，多数人机界面的界面如图6-1所示。

6.1.2　人机界面的接线

人机界面的一般外接线如图6-2所示。

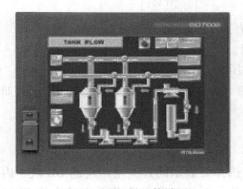

图6-1　人机界面的界面

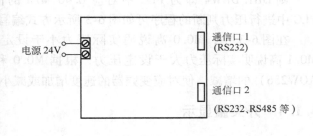

电源24V

通信口1
(RS232)

通信口2
(RS232、RS485等)

图6-2　人机界面的一般接线

多数触摸屏人机界面为+24V供电，有两个通信口，其中一个是编程口，用于连接安装了编程软件的PC，另一个用于连接其他设备（如PLC），通信口一般为RS232和RS485。

6.1.3　人机界面的通信连接

在给人机界面编程的PC中，打开人机界面编程软件，首先选择该人机界面的类型、该人机界面对应的PLC类型、哪个通信口、什么通信协议等，这一点是最重要的第一步，初学者一定要先解决这一问题。

6.1.4　显示数据

选择显示组件，点击该组件，选择该显示所对应PLC中的数据块、内存或输入输出寄存器，一般人机界面中没有直接的小数功能，所以一般要在 PLC 内通过加减乘除计算出不带小数点的数，在人机界面上定义小数点的位置即可，例如：需要显示压力值，压力在 PLC 上的模拟输入量为 AIW0，假设压力最大值 1MPa 对应 PLC 上的值为 27648，那么对于任一压力输入 AIW0，要在人机界面上显示带两位小数点的 $\underline{X}.\underline{X}\underline{X}$ MPa，则在 PLC 上做如下计算。

　　$(AIW0 \times 100)/27648 = DB1.DBW0$

为了防止数值计算的溢出，上述计算应在双字节运算或浮点运算中进行，先进行乘法是为了减少数值运算误差，这样在人机界面上直接显示 DB1.DBW0 并将小数点显示位数定为 2 位即可。例如 AIW0 是 13824，则 DB1.BW0 等于 50，人机界面上显示 0.50MPa，人机界面显示的值即对应了实际的压力值。

6.1.5　设定数值

加入一个数值输入组件（如数值框或拨码开关），单击该组件，选择要设定的数据块或内存。通过人机界面进行参数的设定，同显示数据的方法相反。假设生产过程的压力要进行恒压控制，设定压力为 0.40MPa 并存放在 DB1.DBW2 中，既 DB1.DBW2 = 40，对应 PLC 上的值放在 DB1.DBW4 中，则在 PLC 上做如下计算。

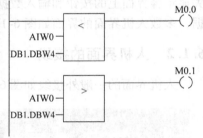

图 6-3　压力判断的程序

　　$(DB1.DBW2 \times 27648)/100 = DB1.DBW4$

则 DB1.DBW4 即为 PLC 中对应 0.40 MPa 的值，在 PLC 中进行压力判断的程序可如图 6-3 所示方式编写。

在图 6-3 中，M0.0 高说明实际压力小于设定压力，M0.1 高说明实际压力大于设定压力，根据 M0.0 和 M0.1 的状态，控制模拟输出（例如 AQW256）的增减，使对应变频器的速度增加或减小。

6.1.6　开关量显示

加入一个显示组件（如指示灯），单击该组件，选择要显示的开关量对应的 DB 块、内存 M 或输入输出寄存区，并选择要显示数据的哪一位，例如在 PLC 中将数据输入块 IW16 先用 MOV 送入 DB1.DBW16，人机界面的开关量显示选择 DB1.DBW16，并选择要显示的位数例如第 7 位。在实际应用中要注意 PLC 的 DI 输入卡低 8 位和高 8 位的区别，一般在前面的是高 8 位，在后面的是低 8 位，在本例中 DB1.DBB16 是高 8 位，DB1.DBB17 是低 8 位。

6.1.7　开关量控制

选择开关量动作键，单击该组件，将 PLC 中的数据块或内存对应到该人机界面中的开关量动作键上，然后再定义该键压下（或抬起）时，置位该数据的哪一位或是复位哪一位，置位代表一种状态（高），复位代表另一种状态（低），过程同开关量显示有点类似，在 PLC 程序中，检测该状态位变化，并使开关量输出模块做出开或关的动作，这样即可实现对设备的开关。

6.1.8　曲线图显示

加入一个曲线图组件，单击该组件，选择要显示的数据块或内存。在 PC 的人机界面编程软件中，直接选择相应的曲线显示组件并对应到相应的数据块（如 DB6. DBW16）或内存中即可。

6.1.9　棒图的显示

加入一个棒图组件，点击该组件，选择要显示的数据块或内存。在 PC（机）的人机界面编程软件中，直接选择相应的棒图显示组件并对应到相应的数据块（如 DB4. DBW0）或内存中即可。

6.1.10　人机界面的外形及生产厂家

人机界面在自动化领域应用越来越多，在机床、自动化生产线、过程控制等领域大量存在，人机界面的外形一般如图 6-4 所示。

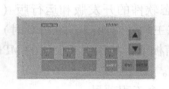

图 6-4　人机界面的外形

常见型号：MT、NT、UG、TD 等。
生产厂家：深圳人机电子有限公司、富士公司等。

6.2　组态软件

6.2.1　组态软件的用途

人们为了使控制过程直观并保存大量的历史数据，常常需要在计算机上用编程语言编制特定的软件，使该软件可以与下面的现场控制设备（如 PLC、专用控制设备、PID 等）进行通信，这样就可以实现用计算机来显示和控制生产过程并保存生产数据，但是这样的软件需要针对不同的工程编制不同的软件，工作量极大，并且要求编程人员对编程语言必须要熟练，这对于大量的工程应用是复杂而烦琐的，组态软件就是为解决这一要求而产生的，它不再需要编程人员懂计算机编程语言，组态人员只需要把各种现成的组件组合一下就可以完成非常复杂的数据显示、控制和数据处理。

随着计算机的普及与价格下降，为了提高控制过程的直观性及编程的快速性，目前在工控机上利用组态软件直接对工业控制过程进行显示、存储、控制并在网络上进行数据共享已变得非常流行，并且也十分简单。国内外可供选择的通用组态软件种类很多，由于组态软件是安装在计算机上，所以它的功能比上一节人机界面中的软件功能要强大得多，小数的处理、量程范围的迁移、计算值的校正等都变得十分方便。

图6-5为组态软件在某生产过程中的应用界面。

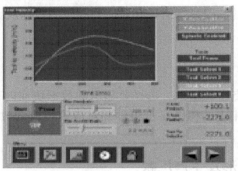

图6-5　组态软件的应用界面

6.2.2　组态软件的一般使用方法

1）先在工控机上安装组态软件的开发版和运行版（或开发运行共用版），有时还需要安装驱动程序（如目前的组态王软件对西门子的 PLC 时）。

2）给 PC 计算机安装通信板卡，如西门子公司的 MPI 通信卡 CP5611，使用厂家提供的专用电缆，连接通信卡和 PLC。

3）打开组态软件，新建一个工程项目。

4）选择计算机（PC）同下面通信所用板卡的类型（或通信口、通信格式）及下面连接的 PLC（或其他控制器）类型，这一步至关重要，初学者一定要高度重视这一环节。

5）定义 PLC 上需要显示、控制、记录的内存、数据块、输入输出（I/O）寄存区等作为数据标签。

6）添加显示数据的组件，单击该组件，并与上述的数据标签相对应。

7）添加设定参数用的数据输入组件，单击该组件，并与 PLC 中的数据块、内存相对应。

8）添加开关量显示组件，单击该组件，并与上述的数据标签相对应，并定义要显示的是第几位。

9）添加控制按键组件，单击该组件，并与上述的数据标签相对应，并定义是使第几位产生置位或复位动作。

10）添加棒图组件，单击该组件，并与上述的数据标签相对应。

11）添加趋势图组件，单击该组件，并与上述的数据标签相对应，并定义该数据更新和记录的频率及数据的总长度等。

12）运行该组态软件，则 PC（机）自动与下联的 PLC 建立起上述组态的数据显示、数据输入、开关显示、开关控制、数据趋势显示、存储等关系。

6.2.3　常见的组态软件

常见组态软件：组态王、Wincc、Intuch、Fix 等。

生产厂家：北京亚控科技发展有限公司、西门子公司等。

6.3　TD200 文本显示器的快速入门

6.3.1　TD200 主要功能

1）文本信息的显示：可显示最多 80 条信息，每条信息最多可包含 4 个变量。

2）设定实时时钟。

3）强制 I/O 点诊断。

4）提供密码保护功能。

5）过程参数的显示和修改，参数在显示器中显示并可用输入键进行修改，例如温度设定或速度改变。

6）可编程的 8 个功能键可以替代普通的控制按钮作为控制键，这样还可以节省 8 个输入点。

7）可选择通信速率。

8）输入和输出的设定：8 个可编程功能键的每一个键都分配了一个存储器位。这些功能键可在系统启动、测试时进行设置和诊断，不用其他的操作设备即可实现对电动机的控制。

6.3.2　TD200 触摸屏

TD200 触摸屏的外形如图 6-6 所示。

图 6-6　TD200 触摸屏外形

6.3.3　TD200 触摸屏与 S7-200 的接线

TD200 与 S7-200 通过 TD/CPU 电缆连接，不需要再外接 DC 24V 的电源，如图 6-7 所示。

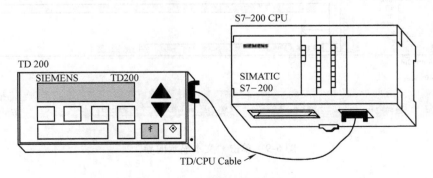

图 6-7　TD200 与 S7-200 的电缆连接

如果用户想自己制作 TD/CPU 连接电缆，可以按图 6-8 所示的引脚序号接线。

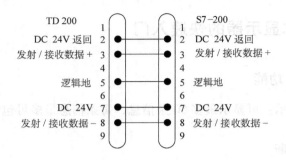

图 6-8　TD/CPU 连接电缆的引脚接线

6.3.4　TD200 的编程

TD200 与 S7-200 的数据显示与输入不需要其他编程工具，直接在 S7-200 的编程软件 STEP7 McroWIN 上既可以实现。单击"工具"菜单下的"文本显示向导"，如图 6-9 所示。

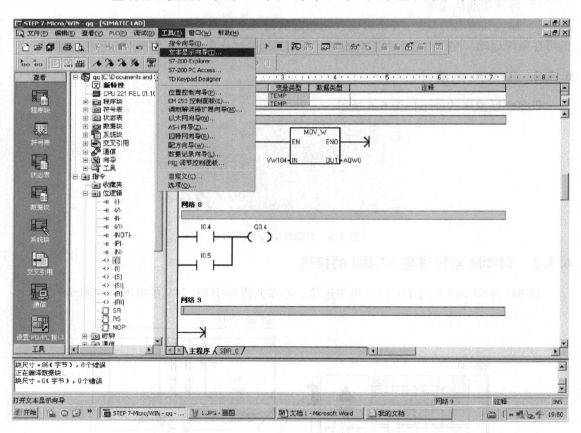

图 6-9　单击"文本显示向导"

打开"文本显示向导"界面，如图 6-10 所示，单击"下一步"。

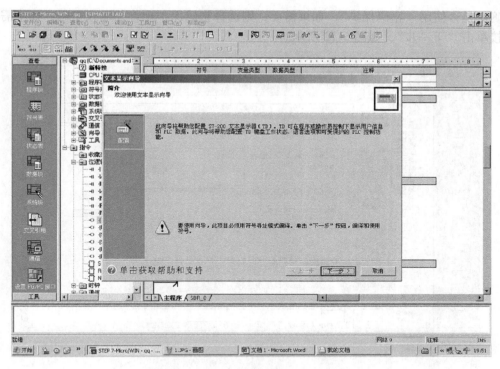

图 6-10　打开"文本显示向导"界面

选择使用的 TD200 的具体型号，如选择"TD 200 3.0 版"，如图 6-11 所示。

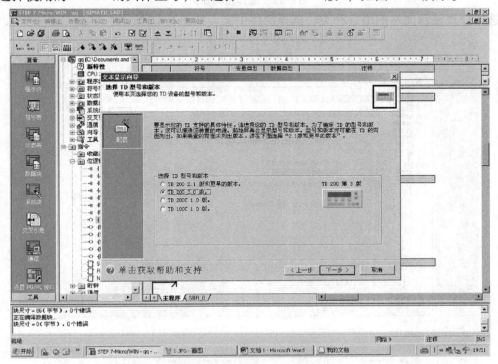

图 6-11　选择 TD200 的型号

确定是否使用"密码保护"，如果需要，则选择密码保护项，并输入密码；如不需要可以直接单击"下一步"，如图6-12所示。

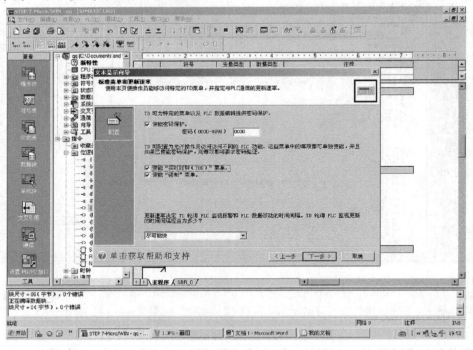

图6-12　选择密码保护

选择您想显示文本的语言种类，选择简体中文，如图6-13所示，单击"下一步"。

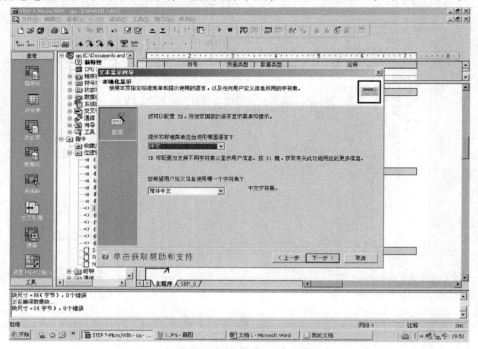

图6-13　选择显示文本的语言

选择面板上 F1、F2、F3、F4、Shift + F1、Shift + F2、Shift + F3 和 Shift + F4 按下动作对应的数据位是"置位"（按下时数据位置位，抬起后保持置位状态）还是"瞬间触点"（按下时数据位置位，抬起后数据复位），如图 6-14 所示。

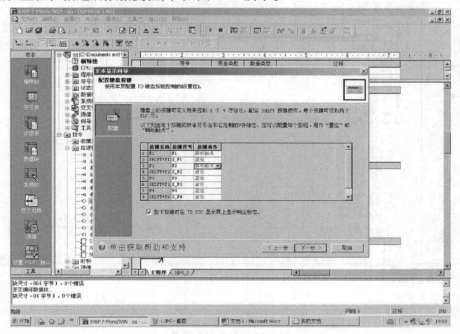

图 6-14　选择面板按键动作对应的数据位

键盘对应的数据位会在后面的符号表 TD_SYM 中查取，单击"用户菜单"，如图 6-15所示。

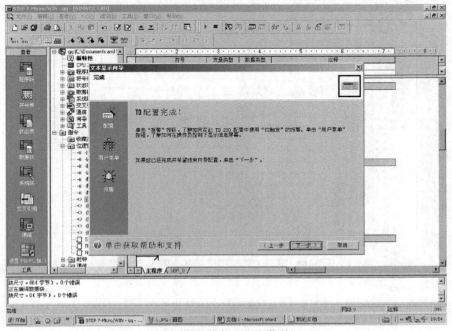

图 6-15　单击"用户菜单"

在"用户菜单"对话框中，单击"下一步"，如图 6-16 所示。

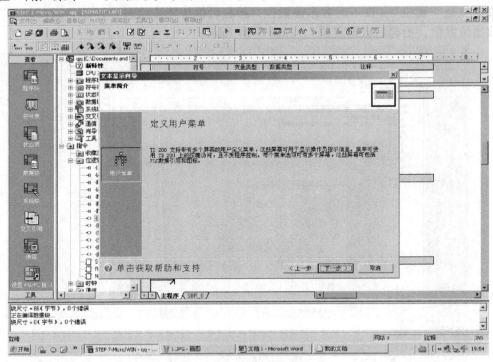

图 6-16　定义用户菜单

输入菜单"1"，单击"添加屏幕"，如图 6-17 所示。

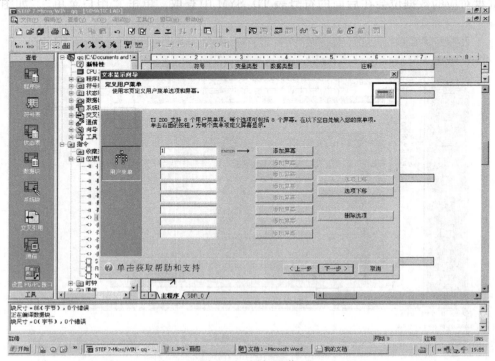

图 6-17　添加屏幕

在弹出的对话框，单击确定"是"，如图 6-18 所示。

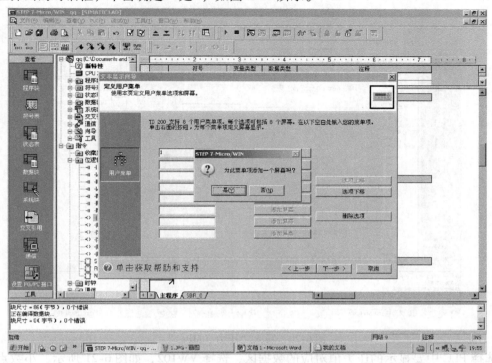

图 6-18　为菜单"1"配置屏幕

在屏幕 0，写入要显示的文本，如图 6-19 所示。

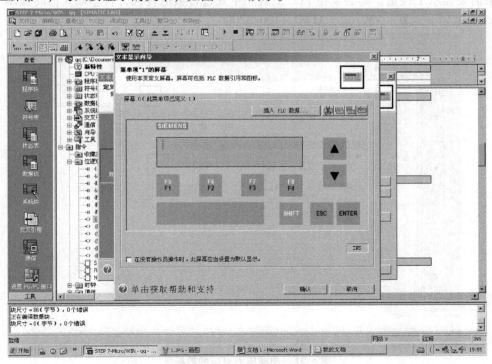

图 6-19　写入要显示的文本

写入"压力（MPa）"，单击"插入 PLC 数据"按钮，如图 6-20 所示。

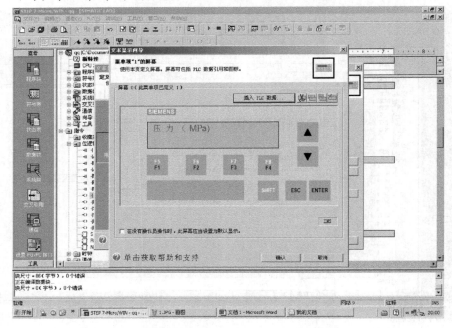

图 6-20　写入"压力（MPa）"

选择 PLC 中要显示的压力值对应的数据区，选择 VW102，如图 6-21 所示，小数点右侧的位数，注意这里的小数点只是一个显示设定而已，如显示 1.00，其实 PLC 中就是 100，所以如果需要显示工程量，则必须在 PLC 的程序中先进行数值转换，若想最大值时显示 1.00，则 PLC 中做如下运算：VW102 = AIW0 × 100/32000。

图 6-21　选择压力对应的数据区

界面中灰色的区域为 VW102 的显示区，如图 6-22 所示。

图 6-22　压力显示数据区

在第二行输入"速度设定（rpm）"，如图 6-23 所示。

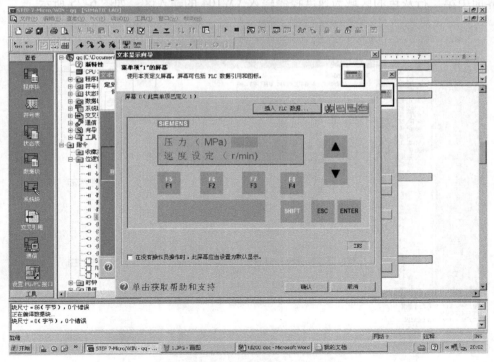

图 6-23　输入"速度设定（r/min）"

选择 PLC 中速度设定对应的数据区，选择 VW104，选择小数点右侧的位数，如图 6-24 所示。

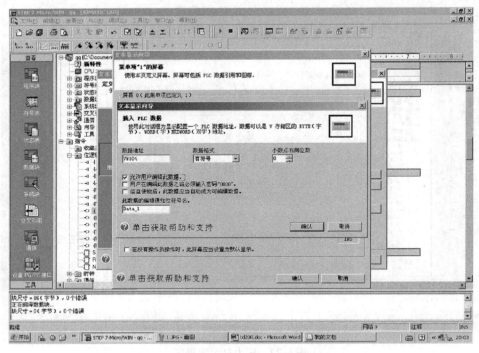

图 6-24　选择速度设定对应的数据区

界面中第二行灰色的区域为速度控制输入 VW104 的输入区，如图 6-25 所示。

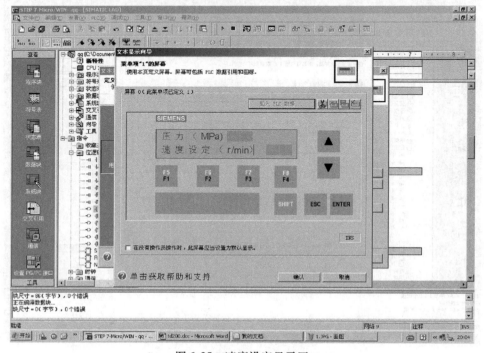

图 6-25　速度设定显示区

用户菜单完成，单击"下一步"如图 6-26 所示。

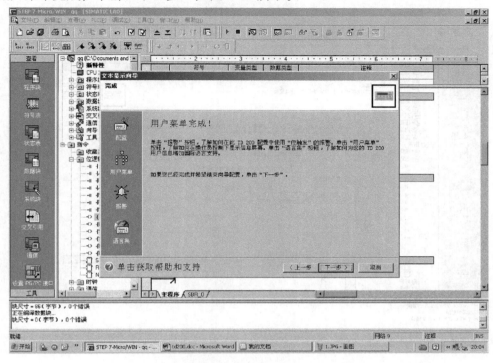

图 6-26　用户菜单完成

选择 TD200 内部参数对应的 PLC 内的数据区 VW106，如图 6-27 所示。

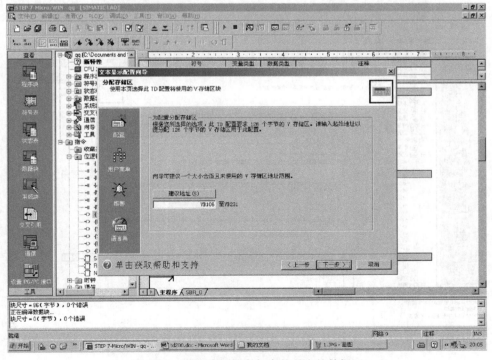

图 6-27　选择 TD200 内部参数对应的数据区

单击"下一步"，选择"否"，不将 VW0 作为默认偏移量，如图 6-28 所示。

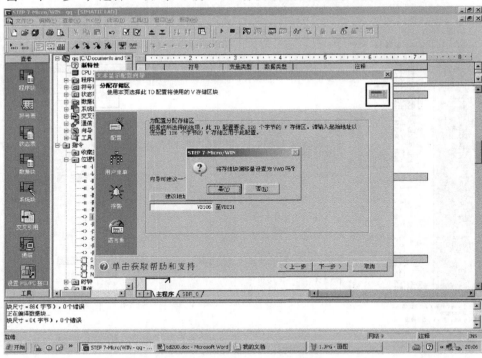

图 6-28　选择偏移量

显示将在程序中出现的项目组件，单击"完成"，如图 6-29 所示。

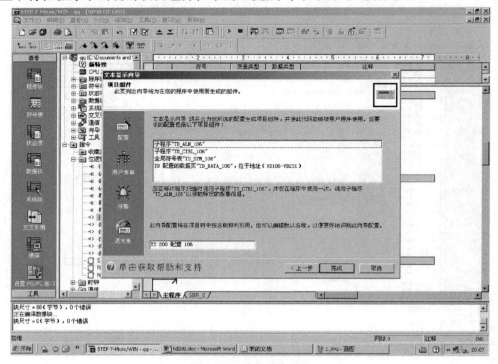

图 6-29　单击"完成"

单击"是"，确定已完成 TD200 配置向导，如图 6-30 所示。

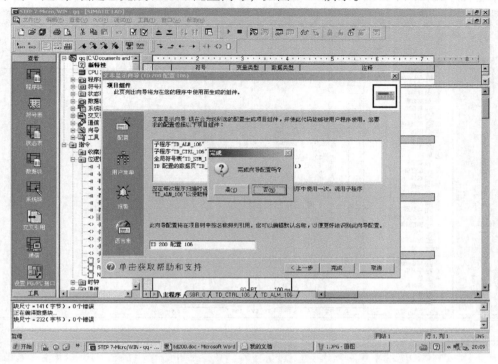

图 6-30　确定已完成 TD200 配置向导

单击"窗口"菜单下的"符号表"，如图 6-31 所示。

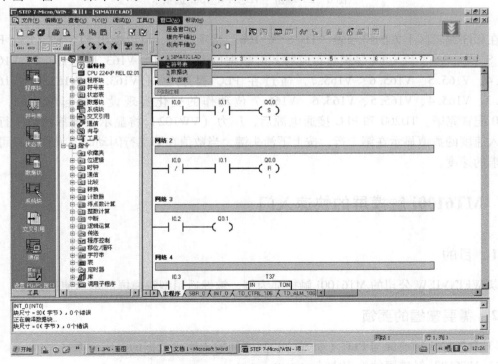

图 6-31　单击"符号表"

单击程序编辑区下方的"TD_SYM_106"选项卡，出现如图 6-32 所示界面。

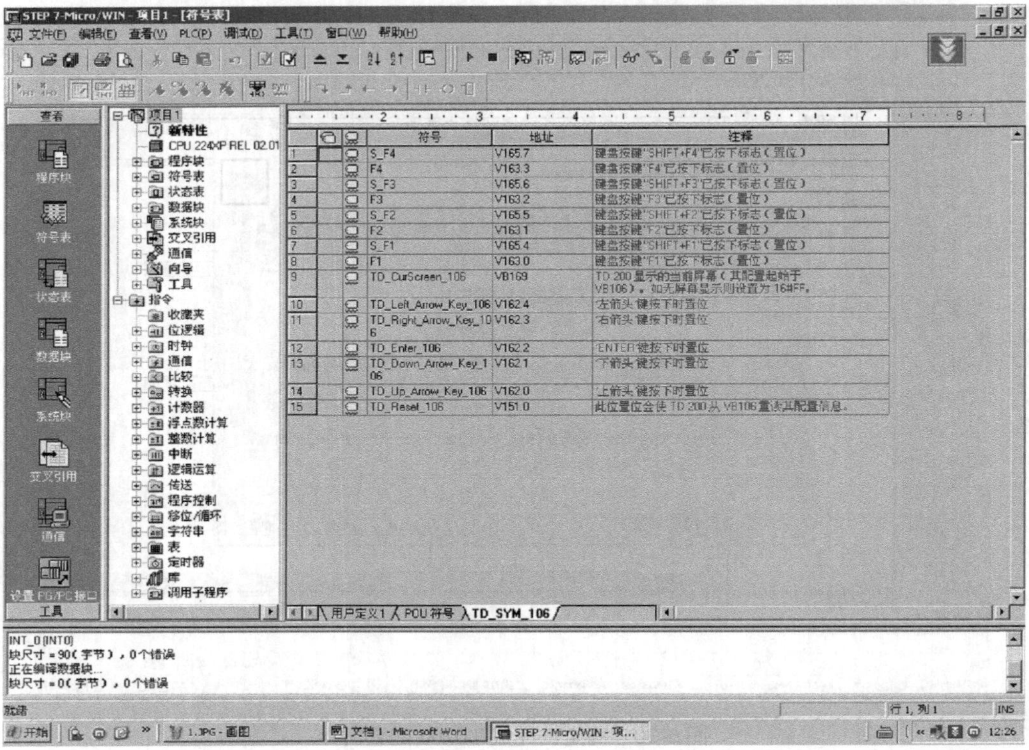

图 6-32　单击"TD_SYM_106"选项卡

在程序编辑区下方的符号表"TD_SYM_106"选项卡中，可以查出 F1、F2、F3、F4、S_F1、S_F2、S_F3 和 S_F4 等键盘对应的 PLC 数据位为 V163.0、V163.1、V163.2、V163.3、V165.4、V165.5、V165.6、V165.7，通过在 PLC 程序中对 V163.0、V163.1、V163.2、V163.3、V165.4、V165.5、V165.6、V165.7 位动作的变化实现设备的起停控制，至此 TD200 配置完毕。TD200 和 PLC 接通电源后，压力（VW102）将显示在屏幕的第一行，用于输入速度的数值显示在第二行，按上下箭头键，当数值在第二行闪动时，操作人员可以输入要求的速度。

6.4　MT6100i 触摸屏的快速入门

6.4.1　目的

以 WEINVIEW 公司的 MT6100i 触摸屏为例，掌握通用型触摸屏的基本使用方法。

6.4.2　需要掌握的要领

1）MT6100i 触摸屏与 PLC（如 S7-200）之间输入输出数据的对应关系。

2）MT6100i 触摸屏的编程方法。

6.4.3　Eview 系列触摸屏的外形

如图 6-33 所示

图 6-33　WEINVIEW 系列触摸屏的外形

6.4.4　与 PC 及 PLC 的接口

MT6100i 触摸屏的接口及电源接线如图 6-34 所示。

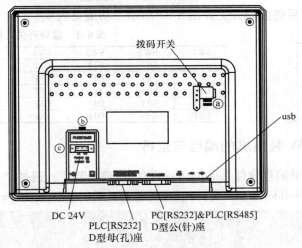

图 6-34　MT6100i 触摸屏的接口及电源接线

PLC［RS232］通信端口 9 针 D 型母座引脚排列如图 6-35 所示。

这个端口用于连接 MT-500 系列触摸屏人机界面和具有 RS232 通信端口的控制器。PLC［RS232］通信端口的引脚及功能见表 6-1。

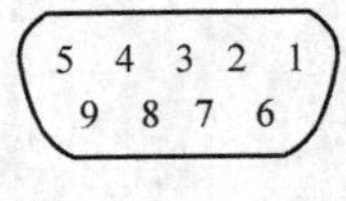

表 6-1　PLC［RS232］通信端口的引脚及功能

引脚号	信　号	功　　能
1	未使用	
2	TxD	发送数据
3	RxD	接收数据
4	未使用	
5	GND	信号地
6	未使用	
7	CTS	清除发送输入
8	RTS	发送准备就绪
9	未使用	

图 6-35　PLC［RS232］通信端口

产品外壳背面的 PC［RS232］&PLC［RS485］通信端口是连接 PC 的编程口和连接 PLC［RS485/422］外部设备的通信口。PC［RS232］&PLC［RS485］通信端口为 9 针 D 型公座引脚排列如图 6-36 所示。

PC［RS232］&PLC［RS485］通信端口的引脚及功能见表 6-2。

表 6-2　PC［RS232］&PLC［RS485］通信端口的引脚及功能

引脚号	信　号	功　　能
1	Rx −	RS485 接收（PLC）
2	Rx +	RS485 接收（PLC）
3	Tx −	RS485 发送（PLC）
4	Tx +	RS485 发送（PLC）
5	GND	信号地（PLC、PC）
6	未使用	
7	TxD	RS232 发送（PC）
8	RxD	RS232 接收（PC）
9	未使用	

图 6-36　PC［RS232］&PLC ［RS485］通信端口

这个通信端口可以通过一条专用的通信电缆（P/N：MT5_PC）和 PC 连接。这个通信端口在执行在线模拟、下载或上传程序时会自动被 PC 激活。

MT600i 触摸屏背后的拨码开关如图 6-37 所示，功能见表 6-3。

表 6-3　拨码开关功能

SW1	SW2	SW3	SW4	模　式
ON	OFF	OFF	OFF	触控校准模式
OFF	ON	OFF	OFF	隐藏 HMI 系统任务栏
OFF	OFF	ON	OFF	引导加载模式
OFF	OFF	OFF	ON	正常工作模式
OFF	OFF	OFF	ON	不支持

图 6-37　拨码开关

6.4.5　WEINVIEW 触摸屏的编程与运行

WEINVIEW 触摸屏编程软件 EasyBuilder 8000 正确安装后，通过"开始"→"程序"→"EB 8000"→"EasyBuilder 8000"打开触摸屏编程软件，如图 6-38 所示。

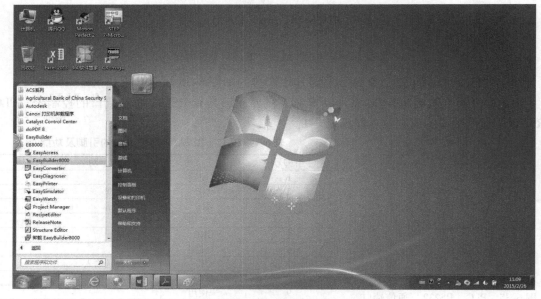

图 6-38　打开触摸屏编程软件

选择所用触摸屏的"类型"为 MT6100i，显示模式为"水平"，单击"确定"，如图 6-39 所示。

图 6-39　选择所用触摸屏的"类型"

进入触摸屏编程界面，如图 6-40 所示。

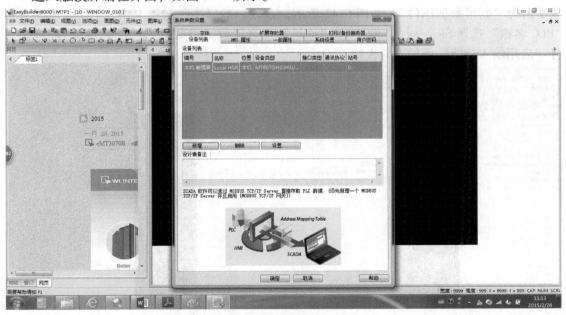

图 6-40　触摸屏编程界面

在打开的"系统参数设置"项，单击"新增"按钮，在"设备属性"中，选择增加的设备为"PLC"所在位置选择"本地"，PLC 类型为"SIMENS S7-200"，通信口类型为

"RS485"，波特率为"9600"，数据位"8"，停止位"1"，校验"偶校验"，PLC 预设站号为 2，单击"确定"如图 6-41 所示。

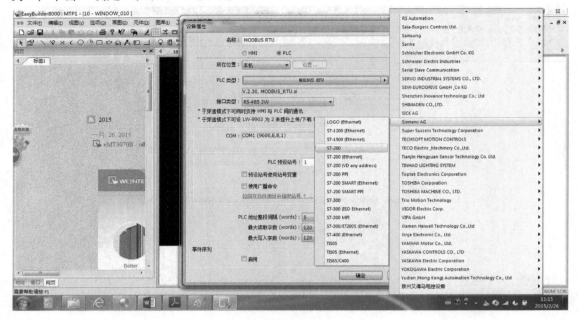

图 6-41　设置系统参数

为了显示 PLC 中的一个数值，从工具条上单击"原件"，在下拉菜单上选择"数值"，单击出现"新增数值原件"，如图 6-42 所示，在"一般属性"选项卡中，"读取地址"中"PLC 名称"选择 Siemens S7-200，在"地址"中选择数据类型为"VW"，地址为"100"，将"启用输入功能"前的对勾去掉。

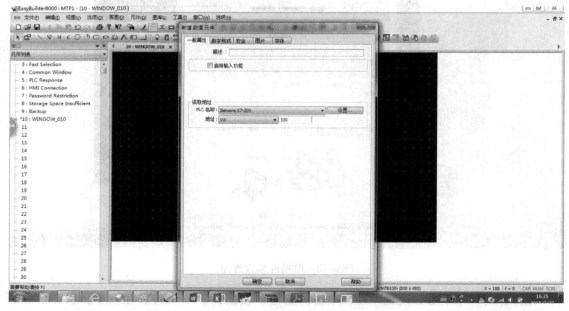

图 6-42　配置"数据显示单元"

在"数字格式"选项卡中，显示格式选择"16-bit Unsigned"，数字位数中小数点以上位数为"1"，小数点以下位数为"2"，即显示模式为 X. XX，单击使用比例转换，比例最小值设定为"0"，比例最大值设定为"1"，单击下方的"测试"按钮，如图 6-43 所示。

图 6-43 配置"数据显示"选项卡

在测试界面中 PLC 下限为"0"，上限为"32000"这些是由 PLC 的模拟输入决定的，对应的比例最小值为"0"，对应的比例最大值为"1"，则 PLC 的 0～32000 对应触摸屏显示为 0～1，可以在"PLC"中输入任意数据来观察"HMI"转换的数值是否正确，设定完成后，单击"套用"按钮让输入的数据保存到界面中，然后单击"确定"如图 6-44 所示。

图 6-44 比例转换测试

在"字体"选项卡中，选择字体为"Arial"的大小为"16"，颜色为蓝色，对齐方式为"右对齐"，如图 6-45 所示。

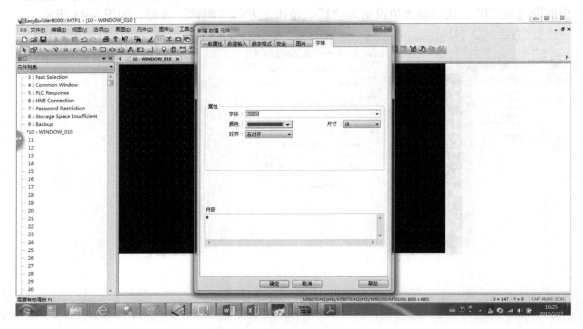

图 6-45 配置"字体"选项卡

单击"确定"按钮，选择的显示单元出现在界面中，如图 6-46 所示。

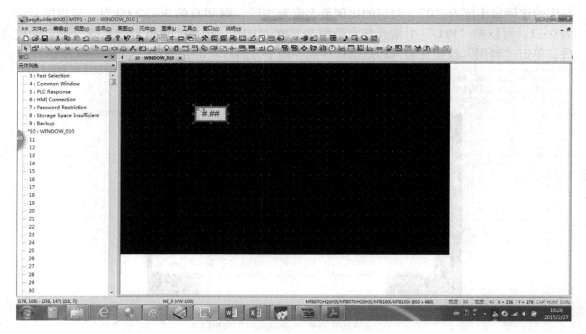

图 6-46 单击"确定"

为了改变 PLC 中要求的数值，在增加一个可输入的数据单元，从工具条上单击"原件"，在下拉菜单上再次选择"数值"，单击出现"数值原件属性"，如图 6-47 所示。

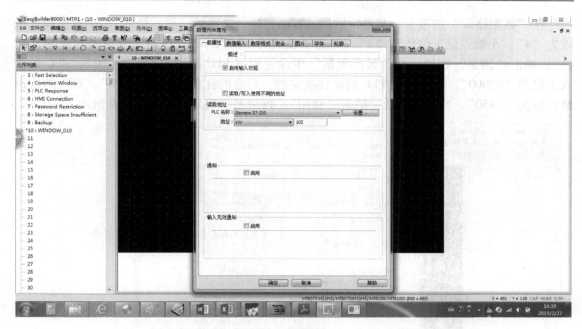

图 6-47 插入"数值原件"

在新建"数值元件属性"窗口，"一般属性"选项卡，勾选"启用输入功能"，"读取/写入使用不同的地址"，若勾选可分别设定读取和写入地址，选择不勾选，该"PLC 名称"选择"Siemens S7-200"，对应 PLC 的数据地址 VW102（速度输入 rpm），选择数据为"VW"，地址为"102"，"通知"选项为"启用"系统会在动作执行前或后将指定位地址状态设定为 ON 或 OFF；选择不启用，"输入无效通知"选项为若启用当输入无效的数值时，系统会将指定位的地址状态设定为开或关，选择不启用。如图 6-48 所示。

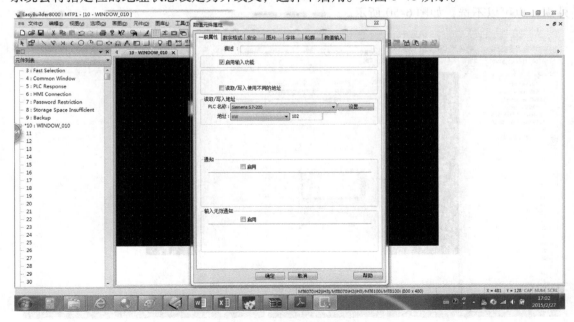

图 6-48 配置"一般属性"选项卡

在"数据格式"选项卡，与显示数据的方法一样，先选择"显示格式"，小数点以上位数为"4"，小数点以下位数为"2"，即显示模式为 XXXX．XX，在勾选使用"比例格式转换"，单击"测试"按钮，在"转换测试"中设定数据 PLC 的输入下限为"0"，PLC 的输入上限为"32000"，这些是由 PLC 的特性决定的，对应的比例最小值为"0"，对应的比例最大值为"1450"，测试完成后，单击"套用"，再单击"确定"，如图 6-49 所示。

图 6-49　配置"数据显示"选项卡

需要输入的数据可以按照一定外观方式进行输入，为了美观，有时需要选择一个漂亮的外观，也可以不选，如图 6-50 所示。

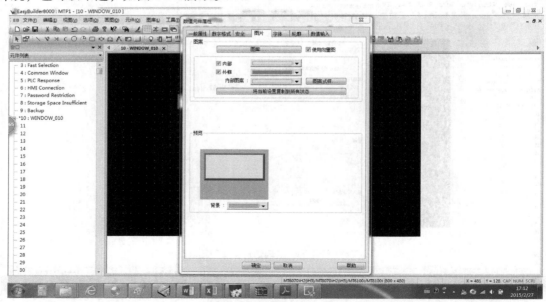

图 6-50　数据外观选择

选择数值输入的字体、颜色和对齐方式，如图 6-51 所示。

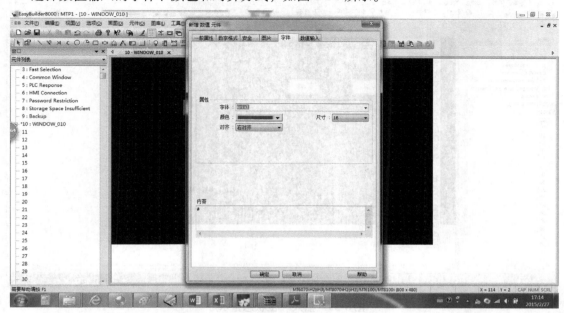

图 6-51　选择数值输入的字体、颜色及对齐方式

完成数值输入单元配置后的界面如图 6-52 所示。

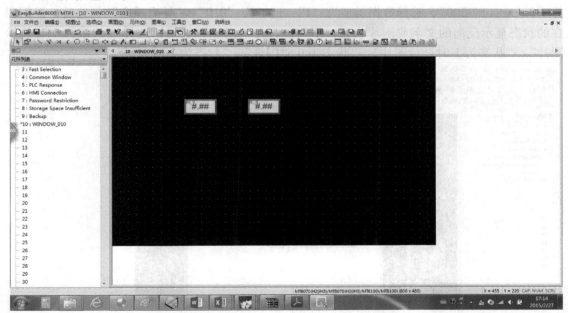

图 6-52　完成数值输入单元

为了显示设备的工作状态，从工具条上单击"元件"，在下拉菜单上选择"指示灯"，单击"位状态指示灯，如图 6-53 所示。

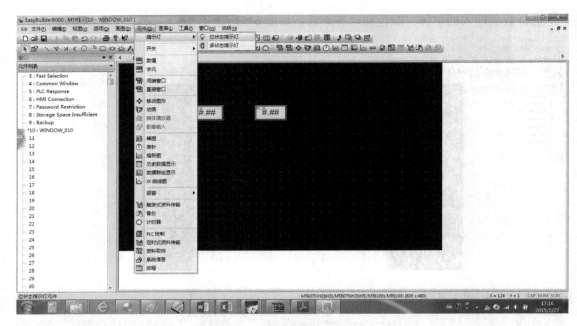

图 6-53　插入"位状态指示灯"

出现"新增位状态指示灯元件",用于指示 I0.0 的状态,如图 6-54 所示,在"一般属性"选项卡,描述为输入元件的说明或备注,这些信息会显示到元件列表中,PLC 地址选择"Siemens S7-200",选择数据类型为"I",地址为"0.0","导出反向"勾选后,根据现在的状态显示反向的文字或图片状态;不勾选,在"闪烁"栏可以选择"状态为 0 时显示图片"、"状态为 1 时显示图片"、"状态为 0 时闪烁"、"状态为 1 时闪烁"。

图 6-54　"位状态指示灯"的"一般属性"配置

　　"安全选项卡"中"生效/失效"勾选后，元件的操作权取决于指定位地址的状态，本次不使用，打开"位状态显示元件属性"对话框的"图形"选项卡，在"向量图"或"位图"中插入现成的图案，本例插入向量图，单击"向量图库"，如图 6-55 所示。

图 6-55　配置"位状态显示元件属性"的"图形"选项卡

　　选择"图库"单击"打开"，如果图库中的图形不符合要求，可以添加新图库，如图 6-56 所示。

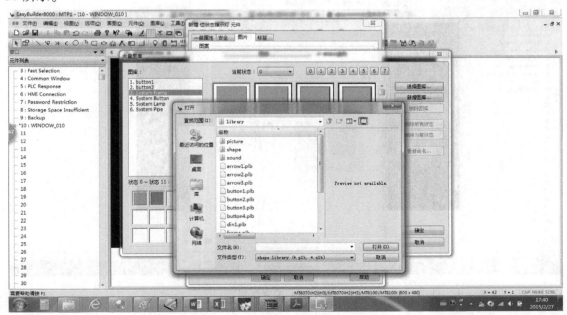

图 6-56　选择图库

打开"button1"向量图库，选择满意的图形，如图 6-57 所示。

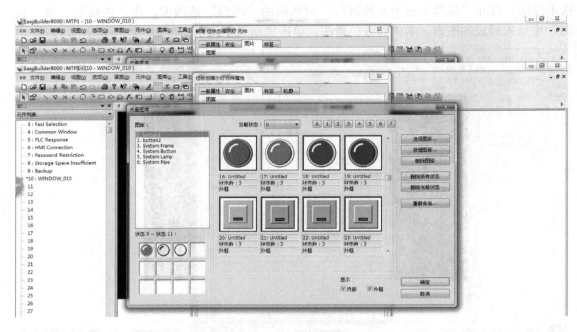

图 6-57 选择图形

选中"17 Untitled"，单击"确定"，图中出现选中的图形，如图 6-58 所示。

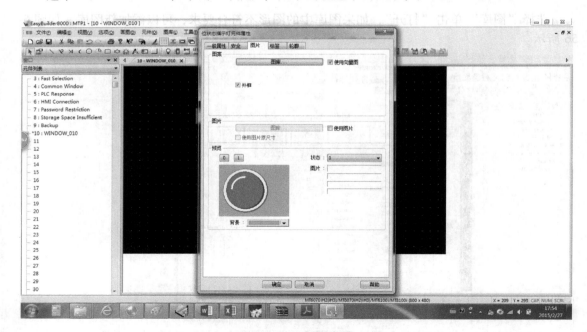

图 6-58 配置图形

打开状态号 0 或 1，可以观察状态变化时图形对应的显示，如图 6-59 所示。

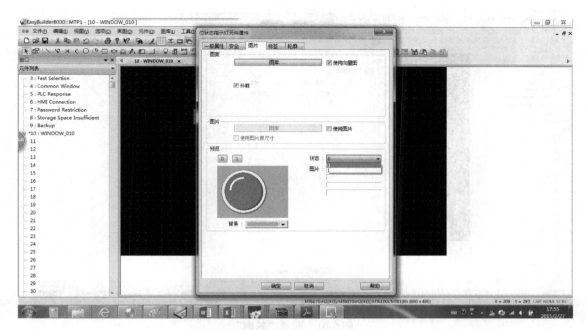

图 6-59　观察图形对应的状态显示

打开"标签"，选择"颜色"、"对齐方式"，"字体"，如图 6-60 所示。

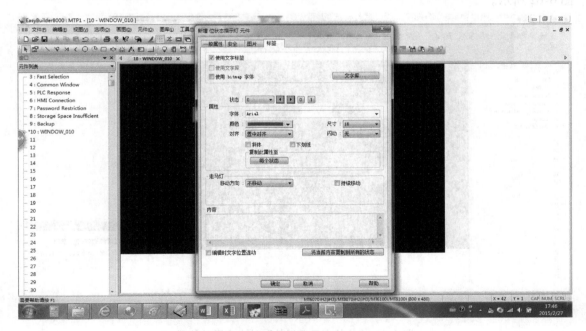

图 6-60　配置"标签"

单击"确定"，双击"位状态显示元件"，弹出"位状态显示元件属性"，打开"轮廓"，选择位置和大小，单击"确定"，如图 6-61 所示。

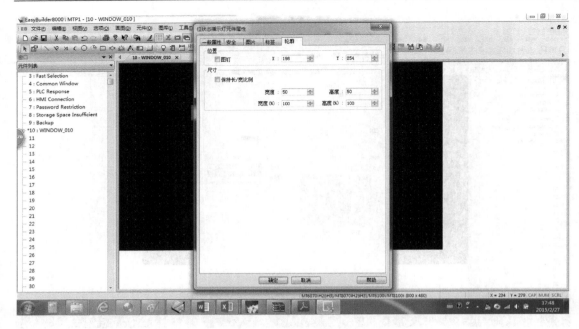

图 6-61 配置"轮廓"

选定的"位状态显示元件"就显示在界面上，用鼠标移动元件，放在合适的位置，如图 6-62 所示。

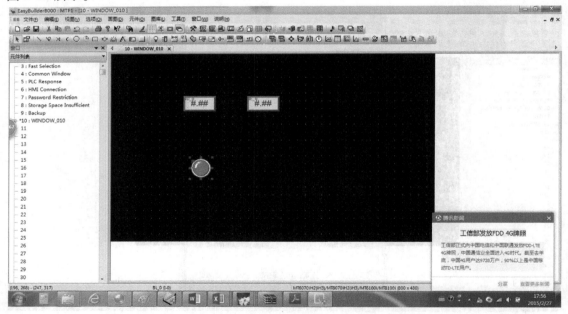

图 6-62 "位状态显示元件"放在合适的位置

为了控制设备的启停，从工具条上单击"元件"，在下拉菜单上选择"开关"，单击"位状态开关"，如图 6-63 所示，选择该开关对应的 PLC 读取和输出地址，设备类型选

"Q"，设备地址为"0.0"，开关属性为"复归型开关"，既压下时 Q0.0 = 1，抬起时 Q0.0 = 0，单击"确定"按钮，如图 6-63 所示。

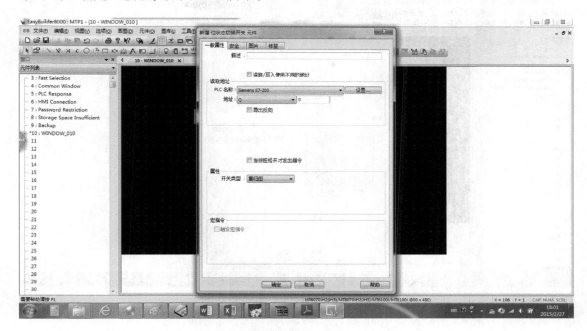

图 6-63　插入并配置"位状态切换开关"

打开"图形"，选中"使用向量图"，单击"向量图库"，选择图库"button1"，选择满意的开关形状，如果没有满意的开关，也可以添加图库，单击"确定"，如图 6-64 所示。

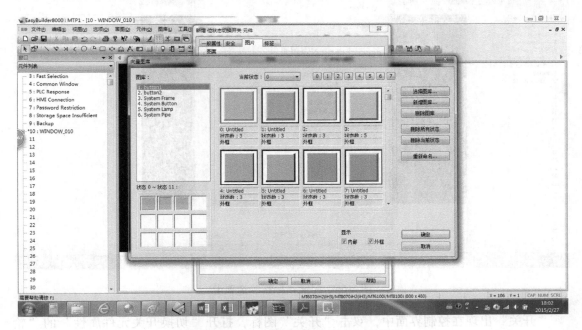

图 6-64　打开"位状态切换开关"的图库

选择状态号"0"或"1"，观察开关颜色的变化，如图 6-65 所示。

图 6-65　观察开关颜色的变化

打开"标签"选项卡，选择"颜色"、"对齐方式"、"字体"，单击"确定"按钮，如图 6-66 所示。

图 6-66　配置"标签"选项卡

"开关"出现在控制界面中，双击"开关"图标，打开"切换开关元件属性"的"轮廓"选项，选择位置和大小，单击"确定"，如图 6-67 所示。

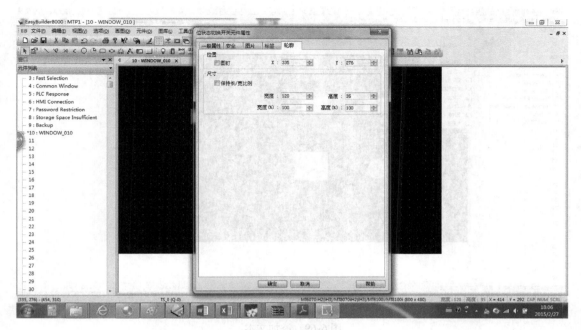

图 6-67　配置 "轮廓"

"开关" 在控制界面中，用鼠标可以改变其在界面中的位置，如图 6-68 所示。

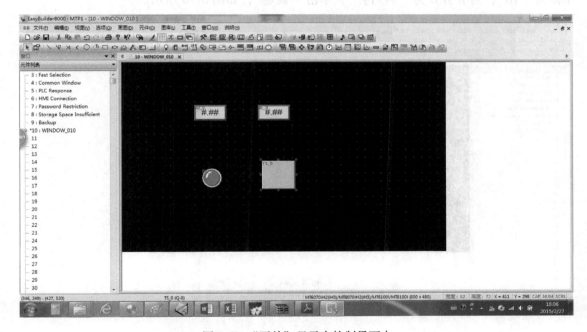

图 6-68　"开关" 显示在控制界面中

添加文字，使界面的数字、状态显示和按钮的功能更直观，从工具条上单击 "画图"，在下拉菜单上选择 "文字"，如图 6-69 所示。

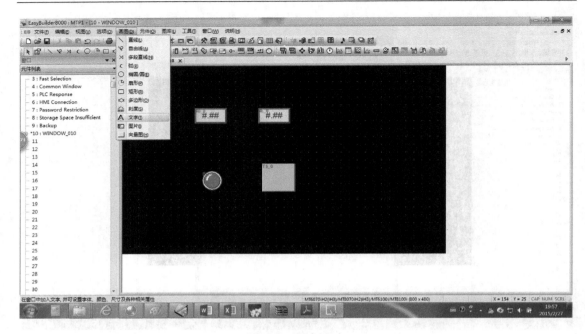

图 6-69　添加文本

在打开的"新增文本元件"对话框，写上内容"压力（MPa）"，选择颜色为"红色"，字体为"16"，对齐方式为"右对齐"，单击"确定"，如图 6-70 所示。

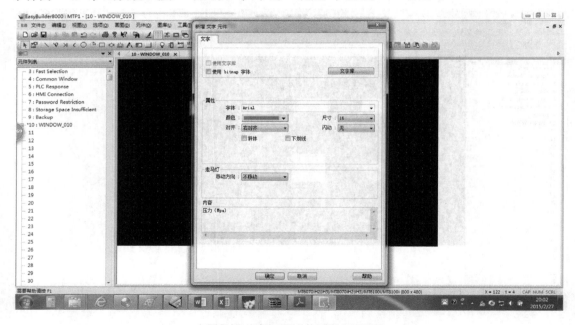

图 6-70　配置"文本元件属性"

"文本"出现在界面中，双击"文字"，弹出"文字元件属性"，打开"轮廓"选项卡，选择位置数据，单击"确定"，如图 6-71 所示。

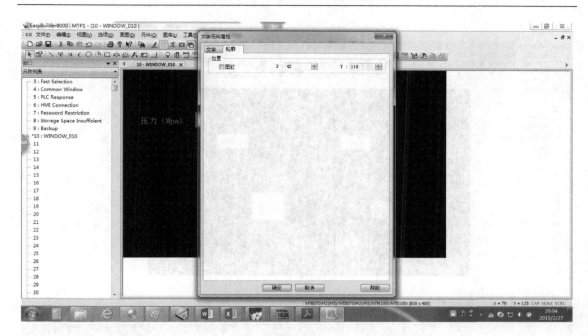

图 6-71　选择位置数据

把其他的文字"转速设定（rpm）"、"设备运行状态"、"设备起停开关"、"泵站监控画面"都添加到界面上，如图 6-72 所示。

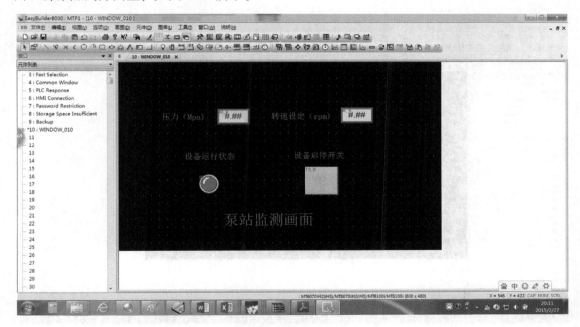

图 6-72　配置其他文本

打开"文件"菜单，单击"保存"，或者单击上方工具栏中的"保存"图标，保存编好的程序，如图 6-73 所示。

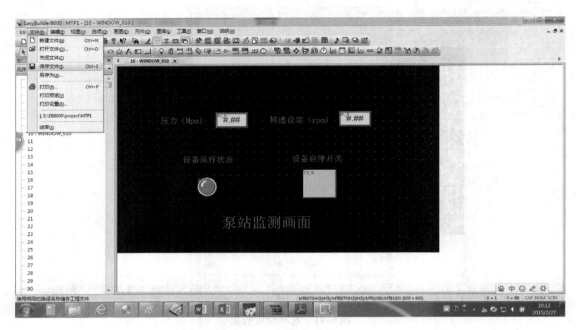

图 6-73　文件"保存"

单击上方的"工具"菜单,对编好的触摸屏程序进行"编译",如图 6-74 所示。

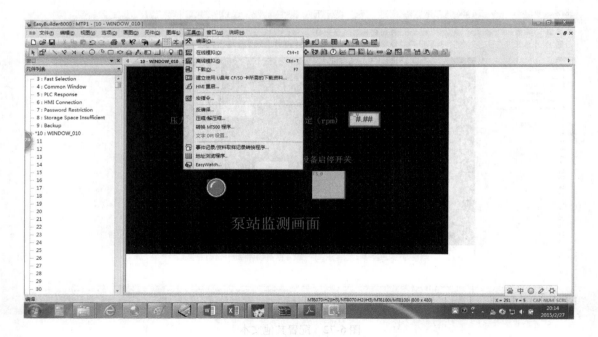

图 6-74　"编译"触摸屏程序

在"工具"菜单选择"离线模拟",模拟一下实际运行后的界面效果,如图 6-75 所示。

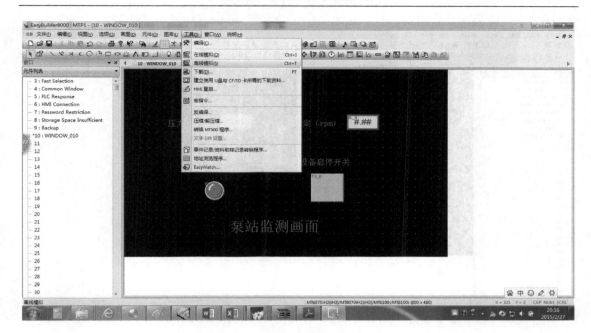

图 6-75　离线模拟

　　模拟效果显示在屏幕的中央，可以看到如下的界面，单击启停按钮，可以来回切换状态，就和真正的开关一样，如图 6-76 所示。

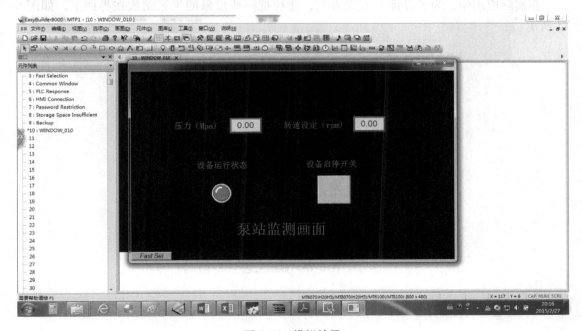

图 6-76　模拟效果

　　通过 USB 电缆线，将计算机端口和触摸屏通信口连接，在"工具"菜单，选择"下载"，把编好的触摸屏程序传到"触摸屏 MT506"上去，如图 6-77 所示。

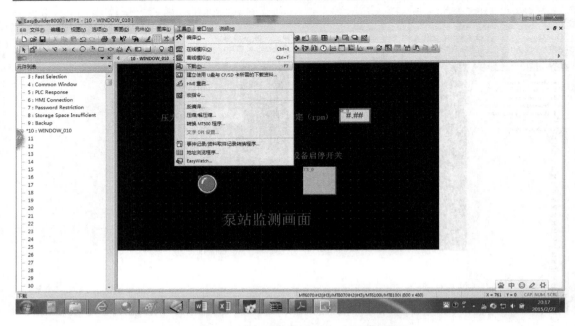

图 6-77　把编好的触摸屏程序下载到触摸屏

　　下载完成，触摸屏重新复位后，显示的界面和离线模拟时的界面一模一样，压力值和设备的启停状态显示在屏幕上，并且可以直接用手指触摸控制开关和输入控制数值。

　　在实际应用中，为了界面的直观方便，往往把一些形象的工艺图放在界面上，如图 6-78 所示。

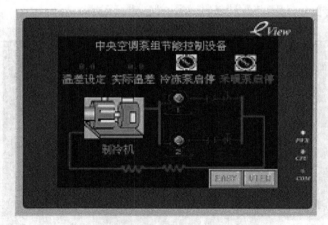

图 6-78　显示工艺

6.5　组态王的快速入门

6.5.1　目的

　　以组态软件 Kingview 组态王为例，掌握通用组态软件的基本使用方法。以一个显示压力、一个输入速度、一个设备运行指示和一个点动设备起停的工艺要求为例,展示编程过程。

6.5.2 需要掌握的要领

1) PC (机) 与可编程序控制器的连接,在装有 "组态王" 软件的 PC (机) 中安装一块 "MPI 通信卡 CP5612" 与 S7-300 连接,连接使用西门子提供的专用通信电缆和接头,如图 6-79 所示。

2) 组态王与可编程序控制器 (如 S7-300) 之间的输入输出数据对应关系。

3) 组态王的编程方法。

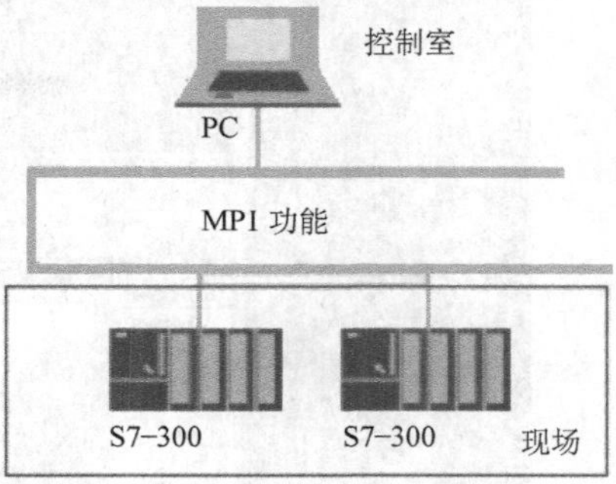

图 6-79 PC (机) 通过 "MPI 通信卡" 与 S7-300 连接

6.5.3 组态王的编程与运行

组态王 Kingview 正确安装后,在 "开始" 菜单的 "程序" 中启动 "组态王" 软件,然后单击工具栏中的 "新建" 按钮或 "文件" 菜单中的 "新建文件",如图 6-80 所示,单击 "下一步"。

图 6-80 新建文件

选择新工程所在的路径及文件夹名,如图 6-81 所示。

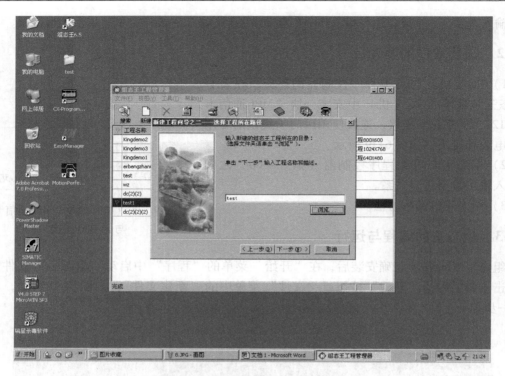

图 6-81　选择新工程的路径及文件名

给新工程起一个名字，假设为 sample，如图 6-82 所示。

图 6-82　给新工程起一个名字

在"组态王"工程管理器软件的下方，单击新建的工程"sample"，开始编程，如图 6-83 所示。

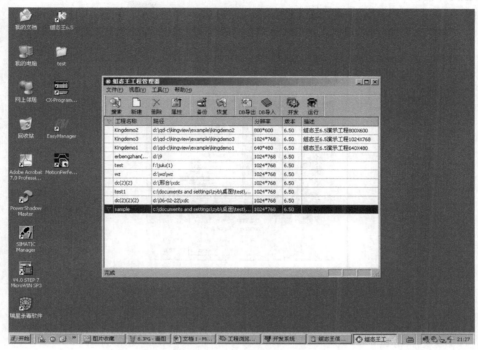

图 6-83　开始编程

打开工程浏览器，对 sample 新工程进行编程，如图 6-84 所示。

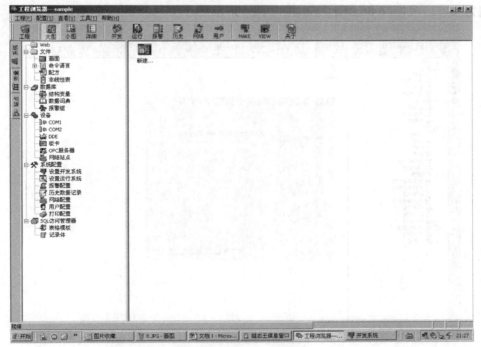

图 6-84　打开工程浏览器

首先选择组态王软件所监控设备的类型，假设装有"组态王"的计算机通过 MPI 卡与 S7-300 连接，在窗口左面单击"设备"项选择打开 DDE 连接方式，在"设备配置向导"打开"西门子"—"S7-300"—"MPI 通信卡"，如图 6-85 所示，单击"下一步"。

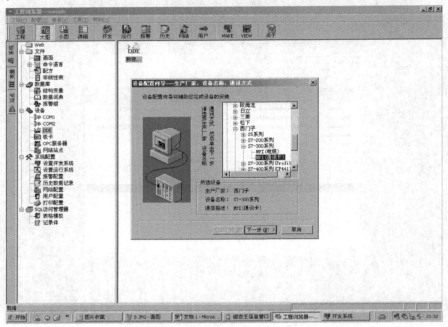

图 6-85　设备配置向导

为新安装的设备 S7-300 取一个逻辑名称，一般起一个自己好记的逻辑名称，如采用默认名则为 MPI2，如图 6-86 所示，单击"下一步"。

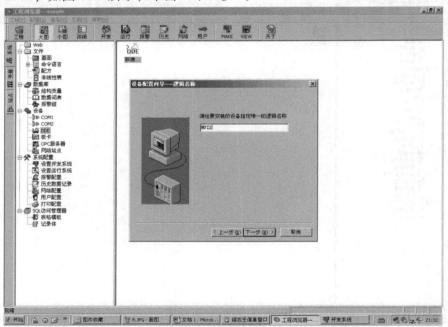

图 6-86　为新设备取一个名

填写 S7-300PLC 的地址，S7-300PLC 的通信网络中只有一台 PLC 时，则地址默认为 2.2，小数点前的 2 代表为 PLC 编程时硬件选择的 MPI 地址，小数点后的 2 代表为 PLC 的 CPU 放在导轨的第 2 块位置，如果 S7-300 的 MPI 地址变化，则相应更改图中的"地址"。也可以打开"地址帮助"按钮，根据说明进行更改，如图 6-87 所示，单击"下一步"。

图 6-87　配置新设备"地址"

根据工程需要，填写"尝试恢复间隔"和"最长恢复时间"，如果您不确定，也可以采用默认值。如图 6-88 所示，单击"下一步"。

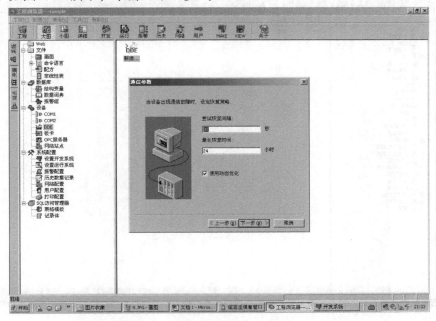

图 6-88　设置通信参数

显示你已经选择的通信参数，如图 6-89 所示，单击"完成"。

图 6-89 添加新设备"完成"

窗口左边"设备"项中出现了刚建立的 MPI 网络，如果 MPI 网络中还有其他的 PLC，继续"新建"其他地址的 PLC 连接，如图 6-90 所示。

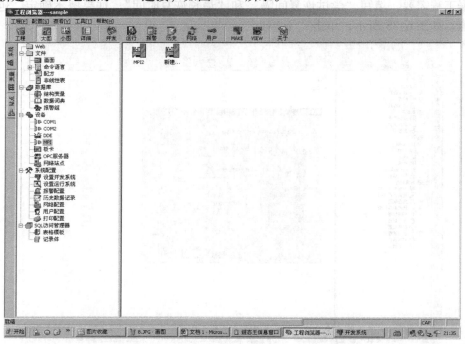

图 6-90 继续"新建"其他地址的 PLC

　　PLC 中的数据通过"组态王"中定义的数据"变量"进行通信,打开窗口左边的"数据库",选择"数据词典",单击窗口下方的"新建…",首先定义 PLC 中压力输入,"变量名"取为 P1;"变量类型"为 I/O 实数;因为 PLC 中模拟输入最小值为 0,PLC 中模拟输入最大值为 27648,所以"最小原始值"设为 0,"最大原始值"设为 27648;"最小值"代表对应 PLC 中的"最小原始值"需要显示的值,设为 0;"最大值"代表对应 PLC 中的"最大原始值"需要显示的值,假设压力传感器的量程为 1MPa,则"最大值"取 1;"连接设备"项选择对应 PLC 的 MPI 地址,本例选择 MPI2;"寄存器"选择 DB1.0(既 DB1.DBW0);"数据类型"选为 SHORT(整型数);"转换方式"为线性,对于孔板流量计,则流量与压差为开方关系;由于只需要显示压力,所以"读写属性"选"只读",如图 6-91 所示,单击"确定"。

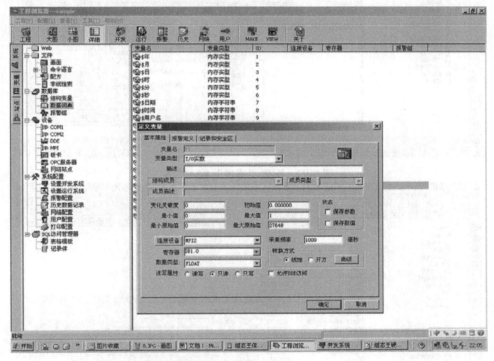

图 6-91　配置"压力"显示标签

　　单击窗口下方的"新建…",定义设定速度输入变量,"变量名"取为 SPEED,"变量类型"为 I/O 实数;"最小原始值"设为 0,"最大原始值"设为 27648;"最小值"设为 0;"最大值"代表对应 PLC 中的"最大原始值"需要显示的值,假设速度最大值为 1450r/min,则"最大值"取 1450;"连接设备"项选择对应 PLC 的 MPI 地址,本例选择 MPI2;"寄存器"选择 DB1.4(既 DB1.DBW4);"数据类型"选为 SHORT(整型数);"转换方式"为线性;由于需要输入速度值,所以"读写属性"选"读写",如图 6-92 所示,单击"确定"。

　　单击窗口下方的"新建…",定义开关控制输出变量,"变量名"取为 Q4,"变量类型"为 I/O 整数;"最小原始值"设为 0,"最大原始值"设为 255;"最小值"设为 0;"最大值"为 255,"连接设备"项选择对应 PLC 的 MPI 地址,本例选择 MPI2;"寄存器"选择 A4(对应开关量输出卡的 QB4,8 位);"数据类型"选为 BYTE(字节 8 位);"转换方式"为 1:1 线性;由于为开关控制输出变量,需要输出开关动作值,所以"读写属性"选"读写",如图 6-

93 所示，单击"确定"。

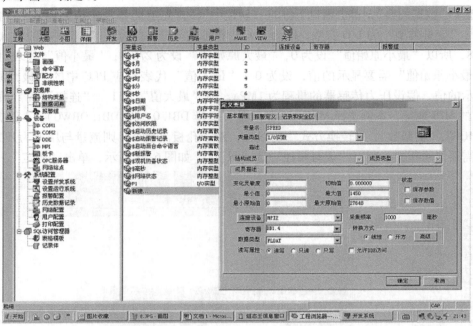

图 6-92　配置"速度"输入标签

图 6-93　配置开关控制变量

单击窗口下方的"新建…"，定义数字开关输入变量，"变量名"取为 I0，"变量类型"为
I/O 整数；"最小原始值"设为 0，"最大原始值"设为 255；"最小值"设为 0；"最大值"为
255，"连接设备"项选择对应 PLC 的 MPI 地址，本例选择 MPI2；"寄存器"选择 E0（对应开

关量输入卡的 IB0，8 位）；"数据类型"选为 BYTE（1 字节：8 位）；"转换方式"为线性1∶1；
由于为开关输入变量，所以"读写属性"选"只读"，如图 6-94 所示，单击"确定"。

图 6-94　定义数字开关输入变量

上述变量增加后，"数据词典"项的变量名增加了 4 个，分别为 P1、SPEED、Q4、I0，
如图 6-95 所示。

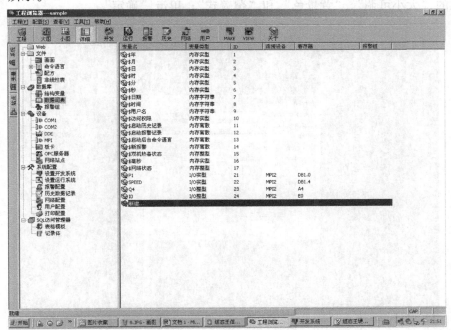

图 6-95　增加 4 个变量名

单击左边"画面",打开如图6-96所示。

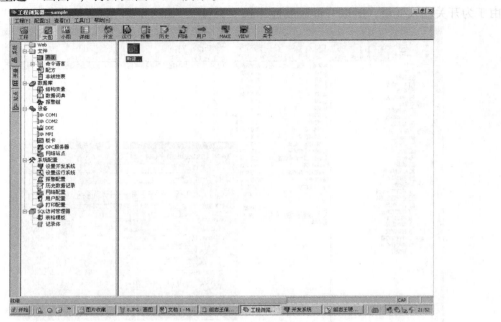

图 6-96　定义画面

单击"新建…",添加新的监控画面,如图6-97所示,在"新画面"对话框,"画面名称"记为监控画面1;"对应文件"可以采用默认名;"画面位置"项可以采用默认的"左边"、"顶边"、"显示宽度"、"显示高度"、"画面宽度"、"画面高度";"画面风格"可以采用默认的"大小可调"、"背景色"和"覆盖式";单击"确定"。

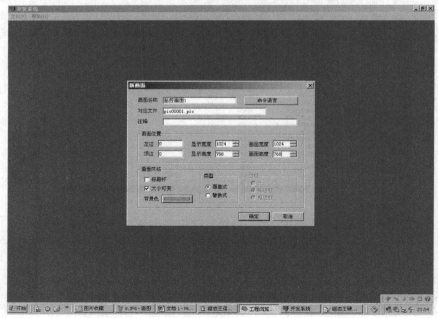

图 6-97　添加新监控画面

　　单击右边"工具箱"中的文本按钮"T"，在屏幕的相关位置添加文本说明："压力显示"、"速度控制"、"点动控制按钮"和"指示灯"，如图 6-98 所示。

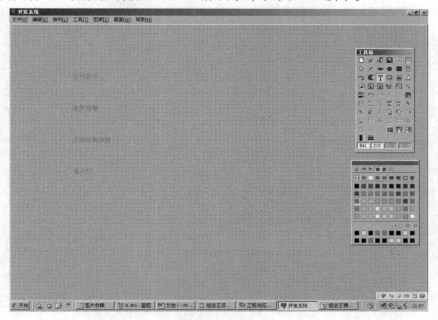

图 6-98　添加需要的显示文本

　　压力显示的插入：单击右边"工具箱"中的文本按钮 T 先插入文本"####"，右击"####"，在字符串替换项，输入"0000"；左击"0000"，打开"动画连接"，如图 6-99 所示，单击"值输出"框的"模拟值输出"，弹出"模拟值输出连接"对话框，单击"表达式"框右边的"？"按钮，选择变量值，单击压力变量"P1"，按"确定"。

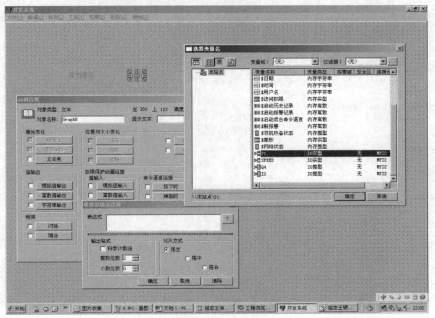

图 6-99　压力显示

"表达式"中出现"\\本站点\P1";在"输出格式"项,选择压力 P1 显示的"整数位数"为 2,"小数位数"为 3;"对齐方式"为居左,如图 6-100 所示,单击"确定"。

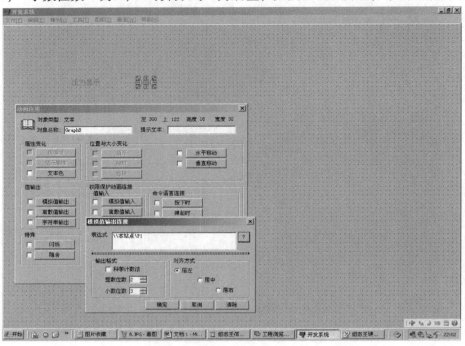

图 6-100　配置压力显示

文本"0000"的"模拟量输出"项配置完成,如图 6-101 所示。

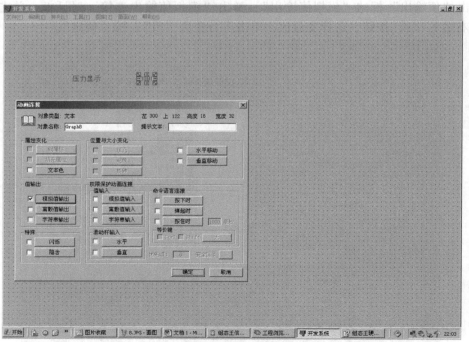

图 6-101　压力显示配置完成

　　速度控制输入的插入：单击右边"工具箱"中的文本按钮 T 先插入文本"####"，右击"####"，在字符串替换项，输入"0000"；左击"0000"，打开"动画连接"，如图 6-102 所示，单击"权限/保护动画连接值输入"框的"模拟值输入"，弹出"模拟值输入连接"对话框，单击"表达式"框右边的"?"，选择变量值，单击速度输入变量"SPEED"，按"确定"。

图 6-102　速度控制输入的配置

　　"表达式"中出现"\\本站点\SPEED"；"提示信息"输入"请输入"；"最大"1450，"最小"0；如图 6-103 所示，单击"确定"。

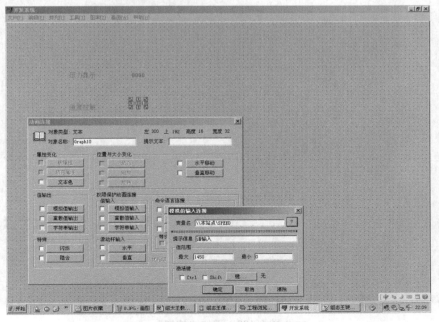

图 6-103　输入提示信息及值范围

"权限/保护动画连接值输入"框的"模拟值输入"配置完毕，如图 6-104 所示，单击"确定"。

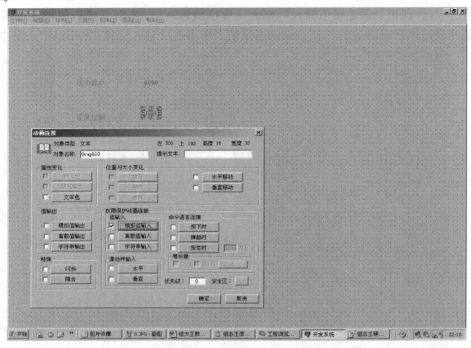

图 6-104　"模拟值输入"配置完毕

控制按钮的制作：单击右边"工具箱"中的"按钮"，拖放到画面中，如图 6-105 所示。

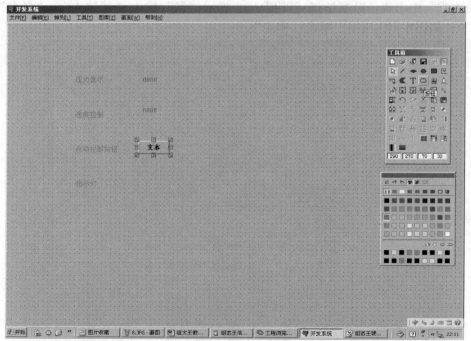

图 6-105　添加"按钮"

　　左击新添加的按钮，选择"动画连接"，打开"命令语言连接"的"按下时"，弹出"命令语言"窗口，单击"全部函数"，弹出"选择函数"对话框，选择"BitSet"函数，单击"确定"，如图 6-106 所示。

图 6-106　按钮"按下时"的"动画连接"

　　在图 6-107 中，选择的 BitSet（var，bitNo，onoff），var 代表变量，bitNo 代表第几位（1～8 位），onoff 代表开（1）或关（0），函数 BitSet（var，bitNo，onoff）代表让变量 var 的第几位开或关。

图 6-107　选择函数

在图 6-108 中，单击 var 变黑，在变量［域］选择变量名 Q4（PLC 的输出卡）。

图 6-108　选择变量名

把 bitNo 改为 7，表示是第 7 位，onoff 改为 1，表示是闭合输出，相当于让 Q4.7 输出 1，如图 6-109 所示，点击"命令语言"的"确定"。

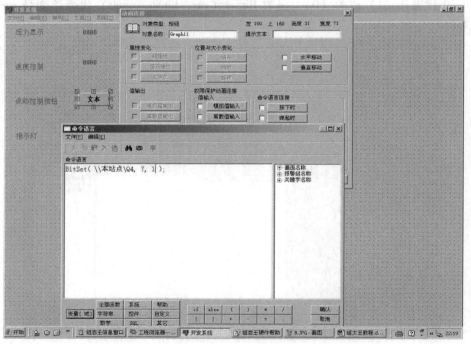

图 6-109　选择动作"位"

　　"按下时"的功能配置完毕，用对勾表示。在"动画连接"打开"命令语言连接"的"抬起时"，弹出"命令语言"窗口，单击"全部函数"，弹出"选择函数"对话框，选择"BitSet"函数，如图 6-110，单击"确定"，"选择函数"窗口关闭。

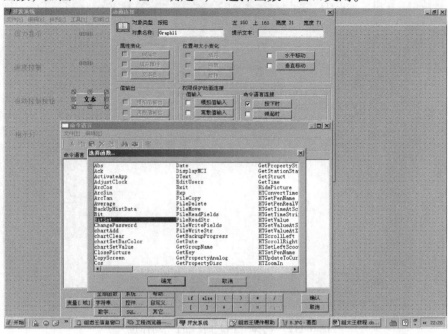

图 6-110　按钮"抬起时"的"动画连接"

　　在图 6-111 中，单击 var 变黑，在变量［域］选择变量名 Q4（PLC 的输出卡）。

图 6-111　选择"抬起时"的"变量名"

把 bitNo 改写为 7，表示是第 7 位，onoff 改写为 0，表示是输出断开，相当于让 Q4.7 输出 0，如图 6-112 所示，单击"命令语言"的"确定"。

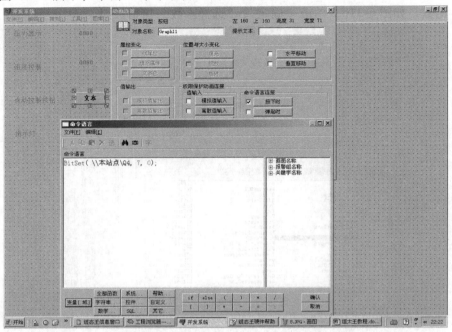

图 6-112 选择"抬起时"的"动作位"

"命令语言"关闭，该按钮的"动画连接"中，"抬起时"的功能也配置完毕，用对勾表示，如图 6-113 所示，该按钮按下时 Q4.7 置位，抬起时 Q4.7 复位。

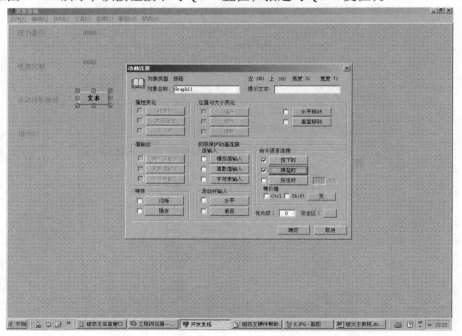

图 6-113 "抬起时"配置完毕

右击按钮，选择"字符串替换"，如图 6-114 所示。

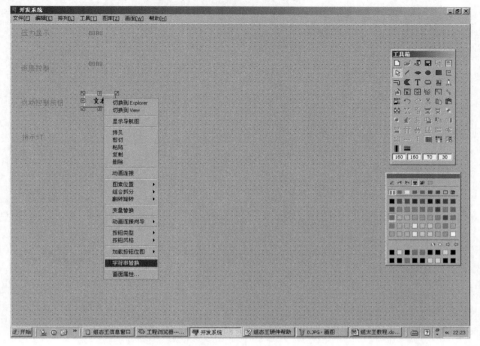

图 6-114　选择按钮"字符串替换"

输入文字"点动"，按"确定"，如图 6-115 所示。

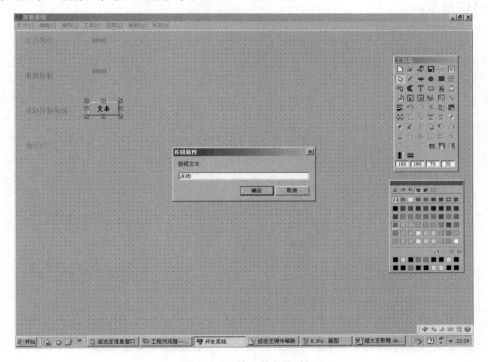

图 6-115　输入按钮文字

带有文字"点动"的按钮，制作完毕，如图 6-116 所示。

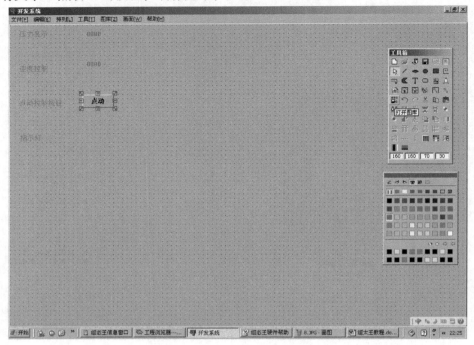

图 6-116 按钮配置完成

指示灯的制作：单击右边"工具箱"中的"画圆"，拖放到画面中，选择颜色为红色，如图 6-117 所示。

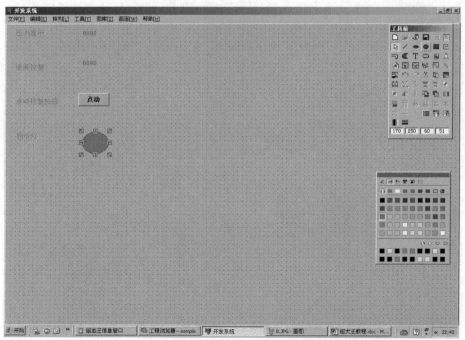

图 6-117 添加指示灯

　　单击"圆"，选择动画连接，在"特殊"栏，打开"隐含"，左击"隐含连接"中"条件表达式"右边的"？"，在"选择变量名"中选择变量"I0"，如图6-118所示，单击"选择变量名"中的"确定"按钮。

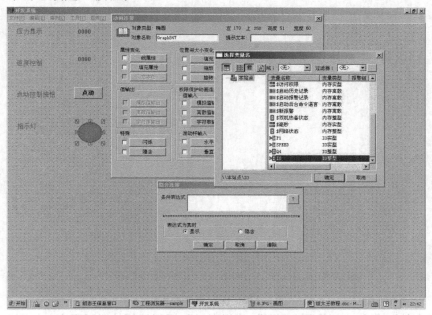

图 6-118　指示灯"选择变量名"

　　"选择变量名"窗口关闭，在"条件表达式"窗口，输入 bit（Var，bitNo），函数 bit（Var，bitNo）为提取变量 Var 的第几位，Var 取 I0，bitNo 取第 1 位（对应 I0.0 位），既 bit（I0，1），选择"显示"，单击"确定"，如图6-119所示。

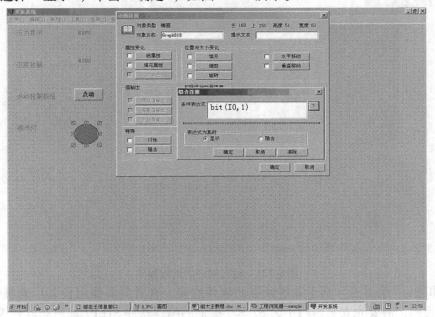

图 6-119　输入条件表达式

显示画面编程完毕，单击"文件"菜单"全部存"，保存编好的程序，如图6-120所示。

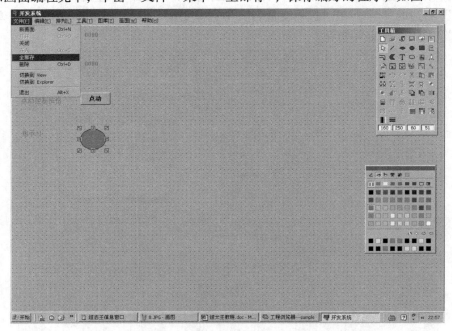

图6-120　保存编好的程序

单击"文件"菜单"切换到VIEW"，"组态王"运行编好的运行程序，如图6-121所示。

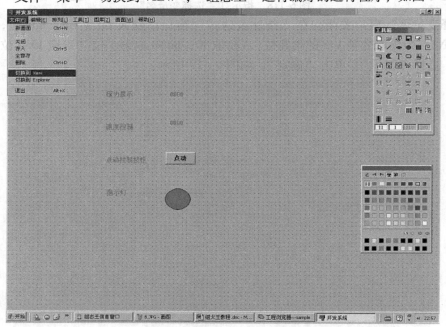

图6-121　运行编好的运行程序

注意事项："组态王"对于某些设备的软件连接，有时需要使用设备厂家提供的驱动，以S7-300为例，需要先安装西门子为S7-300提供的编程软件STEP7或组态软件WinCC，这样"组态王"与S7-300才可能正确连接。

第7章 应用案例

7.1 恒压力控制

在液体或气体输送场合，常常要求保持所送出的液体或气体为一个恒定的压力值，这就是恒压控制。以单台水泵供水系统为例，假设水泵以调速方式运行，则其恒压控制原理如图7-1所示。

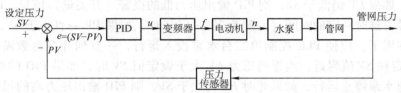

图7-1 恒压控制原理框图

在图7-1中，设定压力 SV 是工艺要求值，在 PID 上用按键输入此值，它是我们希望保持的管网压力值，管网上安装的压力传感器把实际压力 PV 输送到 PID 的检测量模拟输入端，PID 比较误差 e 的正负，如 e 为正说明实际压力值 PV 小于设定值 SV，PID 的输出 u 增大，变频器的输出增加，水泵转速 n 上升，实际压力值 PV 上升，当 PV 等于 SV 时，电动机转速停止上升，管网压力 PV 维持在设定值 SV；当误差 e 为负时，说明管网实际压力 PV 高于设定值 SV，则 PID 输出 u 减小，变频器的输出频率 f 减小，水泵转速 n 降低，管网实际压力 PV 降低，当 PV 等于 SV 时，电动机转速停止降低，管网压力 PV 维持在 SV。PID 的输出 u 可以由式（7-1）求出。

$$u = P \times e_i + I \times (e_1 + e_2 + \cdots + e_i)/T + D_x(e_i - e_{i-1})/T$$

(7-1)

式（7-1）中，如果积分参数 I 不起作用（$I = 0$），则 PID 不能实现无差调节，因为 $PV = SV$ 时，$e_i = 0$，则比例 P 和微分项 D 的输出为零，PID 输出也将变为零，不能维持一定的压力值，因此必须有误差 e 才能使输出保持为一定的值，即 $u = P \times e_i$，所以 PID 控制器的 I 参数其主要作用是为了实现无差（$e_i = 0$）控制，图7-1 中的恒压控制原理框图可以由图7-2 所示的变频调速恒压供水系统来实现。

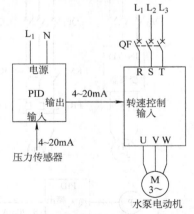

图7-2 用调速方式实现恒压控制

当管网压力用阀门调节来实现恒压控制时，其控制原理如图7-3 所示。

在图7-3 中，阀门定位器的作用是把 PID 输出的 4 ~ 20mA 信号转化为对应的阀门开度 0° ~ 90°（全关 ~ 全开），其控制过程同图7-1。

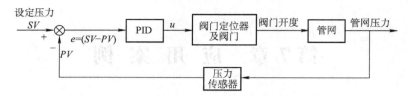

图 7-3　用阀门调节实现恒压控制

对于多台水泵的供水系统，除了上述的控制过程外还有一个增减泵的控制，一般情况下需要增加一个 PLC（或类似的控制装置），其控制过程为：当管网压力 PV 低于设定压力 SV 时 PID 输出增加，变频器频率增加，电动机转速增加，随着水泵的加速，PV 增加，PID 的输出一直增加到最大（20mA）时，变频器的输出频率达到最高频率（50Hz），水泵转速达到额定转速，如果 PV 仍低于 SV，则 PID 输出压力低的报警（开关量）信号，PLC 接到该压力低报警信号，延时一定的时间（一般为 30s～15min），如果 PV 一直小于 SV，则说明一台水泵已经不够用了，应使 PLC 控制第二台水泵投入运行，一直到开泵台数满足要求为止，PV 值基本稳定在 SV 值附近。当管网压力 PV 大于设定值 SV 时，如果 PID 的输出已经最小（4mA），调速水泵停止运行，如果此时 PV 仍大于 SV，则 PID 输出压力高的报警信号，PLC 接收到此输入信号，延时一定的时间（30s～15min），PLC 控制关掉一台水泵，直到关泵台数满足要求为止，PV 基本稳定在 SV 附近。

以 3 台泵为例，其电气原理如图 7-4 所示，目前很多变频器本身自带 PID 和 PLC，这样造价也低，所以在选型时可以选择这样的变频器，如富士公司的 FRENIC5000—P11 变频器、西门子公司的 M430 变频器和爱默生公司的 TD2100 变频器等。

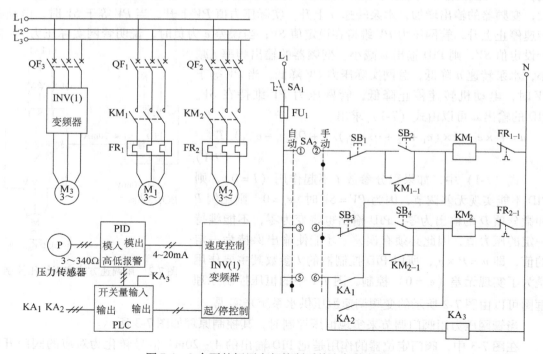

图 7-4　3 台泵的恒压变频控制系统电气控制图

在图 7-4 中，万能转换开关 SA_2 在右边"手动"位置时，①和②接通，③和④接通，⑤和⑥断开，按下起动按钮 SB_2，交流接触器 KM_1 吸合，电动机 M_1 工频起动，按下停止按钮 SB_1，交流接触器 KM_1 释放，电动机 M_1 停止运行；按下起动按钮 SB_4，交流接触器 KM_2 吸合，电动机 M_2 工频起动，按下停止按钮 SB_3，交流接触器 KM_2 释放，电动机 M_2 停止运行。

在图 7-4 中，万能转换开关 SA_2 在左边"自动"位置时，①和②断开，③和④断开，⑤和⑥接通，KA_3 吸合，PLC 控制变频器的起动，PID 的压力高报警信号和压力低报警信号接 PLC 的输入端，PLC 测量到压力高报警信号或压力低报警信号，如果一直存在该信号，延时一定时间，则 PLC 控制电动机 M_1 和电动机 M_2 起动或停止。PLC 输出控制继电器 KA_1 吸合时，交流接触器 KM_1 吸合，电动机 M_1 工频起动，PLC 输出控制继电器 KA_1 断开时，交流接触器 KM_1 失电释放，电动机 M_1 停止运行；PLC 控制继电器 KA_2 吸合时，交流接触器 KM_2 吸合，电动机 M_2 工频起动，PLC 控制继电器 KA_2 断开时，交流接触器 KM_2 失电释放，电动机 M_2 停止运行。压力传感器 P 测量管道中水的压力，根据压力的大小输出 $3 \sim 340\Omega$ 的模拟信号到 PID 控制器，PID 根据误差 e $(= SV - PV)$，运算后输出 $4 \sim 20\text{mA}$ 的调节信号到变频器的速度控制输入端，改变水泵电动机的转速，从而实现压力的恒定控制。注意：万能转换开关 SA_2 的②和④触头不能合并为一个触头，否则"自动"时，继电器 KA_1 或 KA_2 线圈吸合会造成手动按钮也能起动水泵电动机。

在图 7-3 中，如果不用 PID 和阀门定位器，而是利用 PLC 对阀门电动机直接进行开阀、关阀和停止控制也可实现恒压控制，如图 7-5 所示。

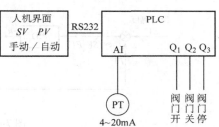

图 7-5 用阀门实现恒压控制

管网压力 PV 低于 SV 时，PLC 输出打开阀门控制信号，随着阀门打开角度增加管网压力 PV 升高，当 PLC 判别到 $PV = SV$ 时，PLC 输出停止阀门运行信号，阀门停在使 $PV = SV$ 的位置上。当 PV 大于 SV 时，PLC 控制阀门关，阀门打开角度减小，当 $PV = SV$ 时，PLC 输出阀门停止运行信号。图 7-4 所示线路的元件清单见表 7-1。

表 7-1 3 台泵恒压变频控制系统元件清单

序号	电气符号	型号	数量	备 注
1	SA_1	LA2	1	电源开关
2	SA_2	LW5	1	万能转换开关
3	FU_1	RT14	1	3A
4	QF_1、QF_2、QF_3	DZ47	3	电动机型
5	KM_1、KM_2	CJ20	2	AC220V 线圈电压
6	FR_1、FR_2	JR	2	热继电器
7	SB_1、SB_2、SB_3、SB_4	LA19	4	两个常开两个常闭
8	KA_1、KA_2、KA_3	HH52	3	一组触头
9	P	YTZ150	1	压力传感器
10	INV (1)	TD2100	1	带 PID 和编程 PLC

7.2　恒温度控制

在工业及民用领域有很多场合都需要温度保持为一个恒定值，如中央空调系统的温度控制，某些化学反应的温度控制等。同压力控制相比，因温度升降时间过程较长，一般控制的滞后较大。如果温度控制的要求不高，用一个带回差的温度开关既可实现近似的恒温控制，像电熨斗上的双金属片温度开关控制就是这类温度控制，温度高于 t_1 时，触点断开，温度低于 t_2 时，触点吸合，但如果工艺要求温度控制精度较高且快速的话，上述的简单控制方法就难以实现了。

以冷热水混合，保持输出混合水温度恒定为例，假设冷水进水量不控制，用变频器调节热水泵的热水供应量来实现混合水温度的恒定，则此恒温控制系统原理如图7-6所示，恒温控制的过程其实与恒压控制基本相同。

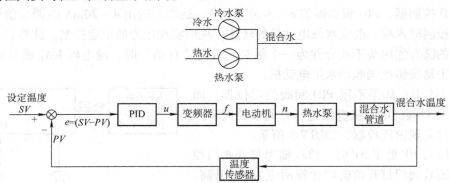

图7-6　恒温控制系统原理图

混合管道实际温度 $PV < SV$ 时，e 大于0，PID输出 u 增大，变频器输出频率 f 上升，热水泵转速增高，热水输入量增加，混合水温度上升，直到 $PV = SV$ 为止。当 $PV > SV$ 时，e 小于0，PID输出 u 减小，变频器输出频率 f 下降，热水输入量减小，混合水温度 PV 下降，直到 $PV = SV$ 为止。

恒温控制如采用控制冷水泵输入量的方式，就会发现一个奇怪的现象，PID输出量 u 与误差 e 的作用关系正好与上述现象相反，即 $PV > SV$ 时，$e < 0$，要求PID的输出 u 增大，$PV < SV$ 时，$e > 0$，要求PID的输出 u 减小。PID的作用方式有热控和冷控两种模式，或者叫正作用和反作用，$e > 0$ 时，PID输出 u 减小的叫热控模式（加热模式），$e < 0$ 时，PID输出 u 增大的叫冷控模式（制冷模式），在实际使用中，要选择好PID的输出模式。

图7-6恒温控制系统原理图可以采用表7-2所示的元件实现。

表7-2　恒温控制系统元件清单

序号	电气符号	型号	数量	备　　注
1	PID	IAO	1	
2	T（温度传感器）	JWB	1	
3	INV	P11	1	水泵风机类

7.3　恒流量控制

以控制风机的送风量恒定为例，说明恒流量控制的原理和过程，假设用变频器控制风机电动机的转速，其原理如图 7-7 所示。

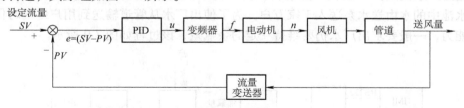

图 7-7　恒流量控制的原理图

在图 7-7 中，控制过程同恒压控制一样，只不过是传感器换成了流量传感器，其实在自动控制中，很多过程参数的控制原理基本相似，只要更换不同的传感器（温度、压力、成分等）和执行器（变频器、调速器或电动阀门等）就行。

在图 7-7 中，流量控制过程为：当风机实际送风量 PV 小于流量要求 SV 时，误差 $e > 0$，PID 输出 u 增大，变频器输出频率 f 增加，电动机转速 n 上升，风机送风量上升，$PV = SV$ 时，电动机转速停止上升。当 $PV > SV$ 时，$e < 0$，PID 输出 u 减小，风机送风量下降，$PV = SV$ 时电动机转速停止下降。

其他介质的流量控制与此过程类似，只需要选用不同量程、类型的传感器和控制执行机构即可，在此不再赘述。

7.4　成分控制

与其他控制相比，成分参数的控制原理基本是一致的，只是不同的被控参数要用不同的传感器，成分控制与压力、流量控制的最大不同是测量信号的实时性不好，参数有很大的滞后。

对于粗略的成分配比控制，可采用简单的开环比例控制，不需要闭环控制，可以省去成分分析传感器。以 A 液体与 B 液体混合要求容积比例为 m:1 为例，成分配比控制如图 7-8 所示。

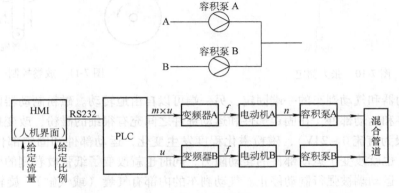

图 7-8　成分配比控制

假设 A、B 两种液体用同样的容积式计量泵输送，则容积配比 m∶1 也就是计量泵电动机的转速之比，如果 A 与 B 配比的精度要求不高，可以不使用成分分析传感器测量反馈信号。

如果混合后的液体可能会因某种液体内部其他成分不同或批次的变化导致最终成分浓度不合适，这时就需要在上述比例投加的基础上再增加一个闭环控制。以水厂加氯灭菌控制为例，根据进厂水流量按一定比例加氯，在清水池中，水和氯充分混合，水中的细菌被氯杀死，清水池中的水由送水泵送入千家万户，为了使出厂水从管道输送到用户终端时仍有一定的杀菌能力，一般要求出厂水仍要维持一定的余氯量，该过程如图 7-9 所示。

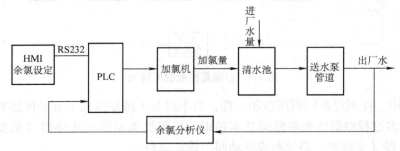

图 7-9　余氯自动控制原理图

7.5　张力控制

在造纸、印刷、不干胶模切、拉丝、轧钢等很多场合为了提高产品的质量，要求保持材料张力的恒定，以造纸和印刷为例，保持张力恒定也就是保持纸的拉力恒定。

张力可以用图 7-10 所示的方法简单测出。

在图 7-10 中，忽略纸本身的质量，图中砝码的重量就是纸的张力。在介绍张力控制之前，我们先讲一下在张力控制领域被广泛使用的几种执行装置：磁粉制动器和磁粉离合器，气动刹车和气动离合。

磁粉制动器和气动刹车的作用是提供可变的制动力，主要用于放卷控制，如图 7-11 所示。

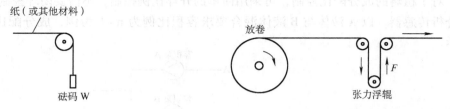

图 7-10　张力测定　　　　　　　　　　　　图 7-11　放卷控制

磁粉制动器和气动刹车的一端固定，另一端可以自由地转动。磁粉制动器内部有一组线圈、固定部件和运动部件，在固定部件和运动部件之间充有很细的磁粉，改变接在线圈两端的电压（一般为直流 0～24V），磁粉磁化程度发生变化，运动部件和固定部件之间的摩擦力发生变化，也就改变了运动部件的转动阻力，同时也就改变了纸张放卷侧的张力，当线圈电压最高时，运动端被强行制动停止。气动刹车的内部有气囊（或气缸）、旋转盘和固定摩擦片等，摩擦片在气囊与旋转盘之间，旋转片与放卷轴连接，改变气囊内的气压就改变了摩擦片与旋转片之间的摩擦力，同时也就改变了纸张放卷侧的张力。

磁粉离合器和气动离合器的作用是收卷，如图 7-12 所示。

磁粉离合器和气动离合器提供可变的跟随主轴旋转的力。磁粉离合器的原理同磁粉制动器差不多，但是磁粉制动器的固定部件变为有一定转速的主运动轴，跟随主轴旋转的力和速度取决于磁粉离合器线圈上电压的大小，电压为 0V 时运动部件不随主轴转动（无负载时可能虚转），电压为最大时，运动部

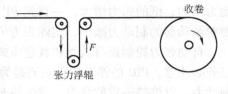

图 7-12 收卷控制

件跟随主轴同速运转。气动离合器的原理同气动刹车的原理基本相同，只不过原来固定的摩擦片变为可以旋转的摩擦盘。

气动刹车与气动离合器的作用和磁粉制动器与磁粉离合器的作用从原理上看差不多，只不过一个是利用气体压力的大小来调整摩擦片和旋转盘面的摩擦力，另一个是利用磁粉的电磁力来调节摩擦力。如果需要用电信号去控制气动刹车和气动离合器，则需要使用电—气转换器和气—电转换器，把 $4 \sim 20mA$ 的信号（或其他标准信号）与气压进行转换，通过气压的变化实现转矩的不同。

张力传感器的作用是检测张力的大小，它的原理同力传感器一样，张力传感器有单臂测量、双臂测量、悬臂式测量、浮辊测量等方式。图 7-13 示出了几种常见的张力传感器的测量方法，其中浮辊式测量方法可用电位器检测转动角度来推出张力的变化。

双臂测量方式测出的张力是张力轴向下的总合力，$F_1 + F_2 = F + W$，W 为轴的自重，F 是总张力，在两侧对称的情况下，$F_1 \approx F_2$。如果张力控制精度要求不太严格时，也可用单臂测量方式只测量 F_1 即可。悬臂式张力传感器测出的力要经过换算才能得出张力轴的实际张力值 F，不过悬臂式张力传感器受材料里外位置的变化可能会得到不一样的张力值，这要引起注意。

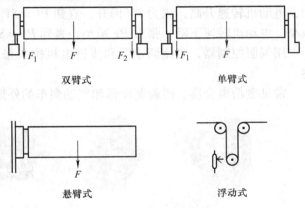

图 7-13 张力传感器的测量方法

最简单的张力控制可以用人工手动调节输出到磁粉制动器（或离合器）线圈上的电压来完成，其实多数手动张力控制器就是一个可调节输出电压的电源。

张力控制精度要求较高时，要用闭环控制来完成，以磁粉制动器、张力传感器和张力自动控制器组成的放卷张力自动控制系统为例，如图 7-14 所示。

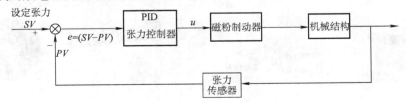

图 7-14 放卷张力自动控制系统

在图 7-14 中，将自动张力控制器设为放卷模式，把 P、I、最大输出值、停车输出值等参数设定好，张力传感器测出的张力值 $PV < SV$ 时，$e > 0$，PID 输出 u 增大，磁粉制动器制动力增加，纸的张力增大，一直到 $PV = SV$ 为止。当 $PV > SV$ 时，$e < 0$，PID 的输出 u 减小，磁粉制动器的制动力减小，实际张力 PV 减小，一直到 $PV = SV$ 为止。

自动张力控制器有放卷和收卷模式，其内部 PID 输出的增大和减小方向正好相反，这一点务必注意。PID 的停车输出主要是为了实现停止时磁粉制动器（或离合器）输出一个小的制动力，以维持一定的张力，避免停车后全线材料松下来，PID 的最大输出是为了避免 PID 输出过大造成纸张断裂或是把设备拉坏。

用磁粉离合器控制收卷的过程同放卷基本相同，在此不再阐述。

用变频器调节电动机速度来实现收卷张力恒定的控制方法，如图 7-15 所示。

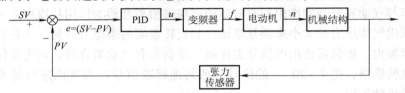

图 7-15 变频器收卷张力恒定控制

在图 7-15 中，张力传感器把张力 F 变为标准信号（4～20mA、0～10mA、0－5V 等）PV 送入 PID 中，设定张力 SV 和实际张力 PV 相比较，当 $PV < SV$ 时，$e > 0$，PID 输出 u 增加，电动机转速升高，张力 PV 回升，直到 $PV = SV$ 为止。当 $PV > SV$ 时，$e < 0$，PID 输出 u 减小，电动机转速下降，张力 PV 减小，直到 $PV = SV$ 为止。

用伺服控制器，直流调速器和步进电机构成张力控制的方法与此差不多，在此不再赘述。

常见磁粉离合器、磁粉制动器和气动刹车的外形如图 7-16 所示。

图 7-16 磁粉离合器、磁粉制动器的外形

常见型号：FD、DZF 等。
生产厂家：宁波恒新机械厂、日本三菱公司等。
常见张力传感器的外形如图 7-17 所示。

图 7-17 常见张力传感器的外形

常见型号：STS、CTL 等。

生产厂家：北京正开仪器有限公司、美国蒙特福公司等。

常见手动张力控制器和自动张力控制器的外形如图 7-18 所示。

图 7-18　张力控制器的外形

常见型号：S、KZQ 等。

生产厂家：宁夏机械研究院、意大利 RE 公司等。

7.6　同步控制

同步控制在钢铁、造纸、印刷、模切、包装等领域广泛的应用，以造纸机为例，为了保证纸机生产出合格的纸产品，要求各工位，按照一定的速度关系同步运行，如图 7-19 所示。

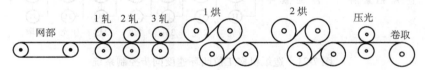

图 7-19　造纸生产工艺

在图 7-19 中，1 轧、2 轧、3 轧的主要功能是把刚从网部纸浆成形来的湿纸中的水分轧出来，1 烘和 2 烘的作用是继续将纸中的水分烘干，压光的作用是利用光亮的压棍将纸的密度提高以形成表面光亮的纸，卷取的作用是将纸产品卷取后存放。工艺要求保持这几道工序中纸的线速度基本恒定，并根据纸的延展性和热收缩性来形成一定的速度比例关系。一般情况下，由于前面几道工序是湿纸，由于挤压的延展作用，1 轧、2 轧、3 轧和 1 烘 4 道工位后一级要比前一级略快一些，而 1 烘以后由于纸的收缩性而使速度逐级变慢。在图 7-19 所示的生产工艺中，如果纸机速度小于 200m/min 可以用西门子 M440 变频器和西门子 S7-300PLC 构成纸机多工位开环速度同步控制系统，如图 7-20 所示。

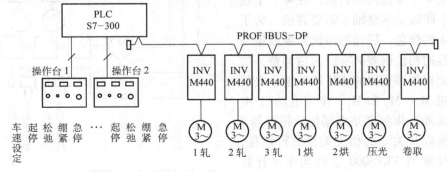

图 7-20　造纸机多工位开环速度同步控制系统

在图 7-20 中，S7-300 与 7 台 M440 变频器之间采用 PROFIBUS 总线进行通信，操作台上的"绷紧"和"松弛"按钮用于调整各工位速度的快慢（各工位变频器频率高低），"快速跟进"按钮按下时，在该工位变频器的输出频率上附加一个频率，用于引纸时将纸快速拉展，"快速跟进"按钮抬起时，附加一个频率撤销。主车速调整用于改变整个纸机运行速度，S7-300 把速度的变化（频率）通过 PROFIBUS 总线送到 M440 变频器，用以调整各工位的速度关系。

如果纸机的车速大于 200m/min，为了保证调速精度，每个工位的拖动电动机最好附加一个编码器同变频器形成闭环，用来提高速度特性的硬度和抗扰动能力。纸机控制系统可采用 S7-400 和 ACS500 变频器，并通过 PROFIBUS 总线调整各工位车速，ACS500 变频器和本工位电动机上的编码器组成闭环速度控制，如图 7-21 所示。

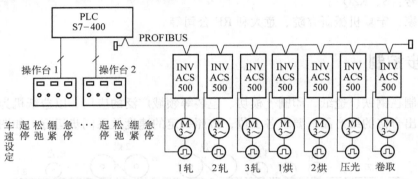

图 7-21 造纸机多工位闭环速度同步控制系统

7.7 套准控制

在印刷、模切、包装等领域除了要求同步控制外，还要求根据产品的位置调整下一工作轴的角度，以实现准确的套印、套切和对准，这就是套准控制。以 4 工位印刷控制系统为例，如果 4 个工位采用同一机械主轴驱动，每个工位用机械相位调节器微调印辊，如图 7-22 所示。

M₁ 是主轴拖动三相电动机，它带动 4 个机械相位调整器，4 个机械相位调整器的输出轴带动 4 个印辊同步转动，在 4 个工位中，第 1 个印辊是基准轴不需要调整，为了准确印刷 4 种颜色，后面的印辊需要根据与第 1 个印辊的相位误差向前或向后调整，后面 3 个机械相位调整器的相位调节轴上安装步进电动机 M_2、M_3 和 M_4，步进电动机 M_2 的动作方向和动作幅度是根据色标传感器 2 和印辊上接近开关 2 的相位关系进行调整，由丹佛斯变频器 VLT5000 上的同步卡计算相位误差，同步卡输出信号控制步进电动机

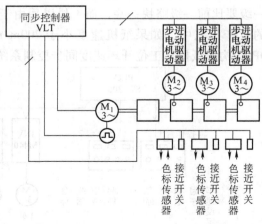

图 7-22 4 工位机械相位调节自动套准控制系统

的转动角度调整印辊向前或向后移动一个相位角，以实现第二种颜色的套准印刷。工位 3 和工位 4 步进电动机的动作原理相同。

如果上述例子中，不采用共用的机械主传动轴，每个印辊都采用独立的伺服电动机驱动，这样的系统也叫无轴同步系统，如图 7-23 所示。

在图 7-23 中，各印辊的同步是通过伺服电动机的速度链来完成的，第 1 台伺服电动机直接驱动的印辊为基准辊，不需要进行相位调整，后面 3 台伺服电动机直接驱动的印辊为跟随辊。同步控制器 MC（或 PLC）接收 2 辊印前 1#色标传感器的信号，同 2#印辊伺服电动机编码器的位置进行相位对比，根据相位的滞后或超前，向 2#伺服控制器发出向前或向后调整多少相位角（或距离）的指令，以实现 2#辊准确的套印控制，3#、4#印辊伺服电动机的控制方法基本一致。

如果纸张等材料反光，有些色标传感器要求与材料表面成一定倾斜角度安装（例如 15 弧度），如图 7-24 所示。

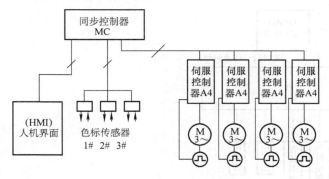

图 7-23　无轴同步套准控制系统

图 7-24　材料反光时色标传感器的安装

同步控制装置生产厂家：FUNAC 公司、伦茨公司、翠欧公司等。

7.8　负载分配控制

有些工业生产场合为了使负载受力均匀，需要用两台以上的电动机拖动同一负载，例如拖动同一条较长的传送带或拖动同一传动轴等，如图 7-25 所示，为了工艺稳定或设备安全一般要求每台电动机的运行速度要均衡稳定，出力要均匀，避免转地快的电动机拖动转地慢的电动机，这时就需要用负载分配的方式进行协调控制。

在图 7-25 中，两台电动机按相同的负载率进行工作，M_1 为主拖动电动机，富士 G11 变频器 1 驱动 M_1，变频器 1 运行在频率控制模式（F42 = 0），调节电位器 RP_1 可以改变 M_1 的运行速度，M_2 为跟随电动机，变频器 2 驱动 M_2，富士 G11 变频器 2 运行在转矩控制模式（F42 = 1），变频器 1 的运行转矩

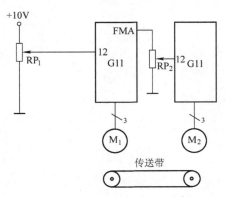

图 7-25　负载分配控制

通过 FMA 端子模拟输出（F31 = 4），FMA 端模拟输出的电压信号作为 M_2 电动机的转矩设定值，M_2 电动机按设定转矩运行，M_1 出力大时，M_2 的输出转矩也同比增大，这种控制方式不会有 M_1 拖动 M_2 的问题发生，这就是负载分配控制原理。

7.9　机电一体化自动化生产线

　　机电一体化自动化生产线中的环节可能是多种功能的一个组合，一般结构是人机界面 + PLC + 传感器 + 执行器，使用的器件包括：直线气缸、旋转气缸、变频器、直流调速器、交流电动机、直流电动机、伺服电动机、步进电动机、直线电动机、电磁铁、电磁阀、接近开关、光电开关、色标传感器、磁开关、限位开关、编码器、光栅、旋转变压器、角度电位器、直线电位器、温度计、压力计、流量计等，一般自动化生产线的基本结构如图 7-26 所示。

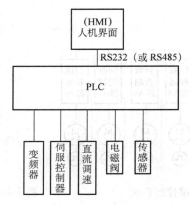

图 7-26　自动化生产线的基本构成

第8章　其他电气元件

8.1　蜂鸣器和报警器

　　蜂鸣器和报警器通电后会发出报警信号，以提醒工作人员注意，蜂鸣器和报警器有压电式、机械式、电磁式等，蜂鸣器的工作电压有 DC6V、DC12V、DC24V、DC36V、AC220V、AC380V 等不同的电压等级，报警声音也有很多种，常见外形如图 8-1 所示。

图 8-1　蜂鸣器和报警器

　　常见型号：ZAD、LA、AS、HY 等。
　　生产厂家：上海中奥电器有限公司、韩荣电子公司等。

8.2　电能表

　　电能表主要是用来计量线路中的输入、输出或两者之间的电能值（也叫千瓦时，记为 kW·h），电能表多数情况下用于计量负载侧（用户）消耗的电能。交流电能表有单相、三相四线或三相三线之分，居民家中使用的多为单相电能表，工业或单位使用的多数为三相四线或三相三线电能表。电能表的电压和电流接线有一定的相序（顺序），需要按说明书接线，如果电表倒转则把所有三相的电流进出接线同时对调一下，单相表则对调一相。电能表外形如图 8-2 所示。

图 8-2　电能表

常见型号：DD862、DD864 等。

生产厂家：人民电器有限公司、德力西电器有限公司等。

8.3　功率因数表

功率因数是指交流线路中电压和电流的相位角 ϕ 的余弦值 $\cos\phi$，它的值在 $0\sim1$ 之间，在工业中大量使用的电气装置多数为感性负载（如电机、变压器等），这就造成线路的电流相位滞后于电压相位 $0°\sim90°$，这样负载侧除实际消耗的功率外还占用了电源的无功功率，致使电源的利用率下降，线路损耗增加。在实际应用中，人们利用电容负载电流相位超前电压相位 $0°\sim90°$ 的特性对功率因数进行补偿，使其尽量接近 1，以解决无功损耗问题。功率因数表外形如图 8-3 所示。

图 8-3　功率因数表

常见型号：42L、XJ96 等。

生产厂家：许继仪器仪表有限公司、托克智能仪表有限公司等。

8.4　刀开关

刀开关在过去的配电设备中是一种较常见的通断电控制装置，有 2 位和 3 位刀开关，刀开关上的熔丝起过载或短路保护作用，合上开关，电流接通，拉下开关电源断开，上端口接进电侧，下端口接用户负载，其外形如图 8-4 所示。

图 8-4　刀开关

常见型号：HD、HS、HH 等。

生产厂家：长城电器有限公司、正泰电器有限公司等。

8.5　漏电断路器

漏电断路器主要用于保护人身安全，有单相和三相漏电断路器之分，它的主要原理是根据线路中各相电流矢量之和为零。在单相线路中，相线上的电流 I_A 和零线上的电流 I_N 的矢量之和为零，也就是来的电流和回去的电流应该相等，并且方向相反，即 $I_A + I_N = 0$，$I_A = -I_N$。当发生人身触电事故时，由于一部分电流通过人体直接流入大地，使得 $I_A + I_N \neq 0$。以单相漏电断路器为例，它是在一个铁心上把相线和零线绕相同的圈数，铁心上还绕有一个测量线圈，当无人触电时，因 $I_A = -I_N$，正向电流形成的磁场和负向电流形成的磁场作用相抵，所以测量线圈上无感应电流，漏电断路器不动作，当有人触电时，$I_A \neq -I_N$，测量线圈上将有感应电流，该感应电流接在一个电磁线圈上，并使磁铁吸下，拉下漏电断路器的脱扣器，使漏电断路器断开，这就起到了保护人身安全的作用。三相电路的原理基本相同，它也是利用无人触电时三相电流 I_A、I_B、I_C 和零线电流 I_N 的矢量和为零的原理，既 $I_A + I_B + I_C + I_N = 0$，当无人触电时，漏电断路器不动作，当 $I_A + I_B + I_C + I_N \neq 0$ 时，说明有漏电的地方，电流通过其他通路流入地下，漏电断路器动作，漏电断路器断开。漏电检测单元和断路器共同组成一个漏电断路器。常见外形如图 8-5 所示。

图 8-5　漏电断路器

常见型号如：DZ、CDB 等。
生产厂家有：德力西电器有限公司、正泰电器有限公司等。

8.6　气缸

气缸在自动化生产线和单机自动化设备中经常使用，最常见的是做直线运动和旋转运动，气缸的种类很多，有普通气缸、旋转气缸、双导杆气缸、标准气缸、无杆气缸、双活塞杆气缸、短行程气缸等。

气缸通气后产生动作，有的气缸为了产生正反两个动作，要有两个进气口，如图 8-6 所示。

在图 8-6 中，A 孔进气，B 孔放气，气缸杆向右动作，B 孔进气，A 孔出气时气缸向左运动。

气缸也可以只有一个气孔，这时气缸可以通过弹簧复位如图 8-7 所示，也有的气缸是靠负载的重力返程。

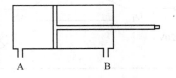

图 8-6　两个进气口的气缸

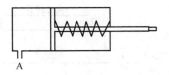

图 8-7　弹簧复位气缸

在图 8-7 中，A 孔进气时，气缸杆向右运动，A 孔放气时，气缸在弹簧的作用下向左运动。弹簧如果在左边，气孔在右边，动作方向正好相反。

旋转气缸（齿轮齿条式）的原理如图 8-8 所示。

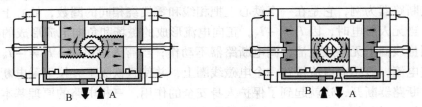

图 8-8　旋转气缸

A 孔进气时，两齿条向外运动，齿轮顺时针旋转；B 孔进气时两齿条向内运动，活塞逆时针旋转，单弹簧复位的双齿条旋转气缸及单齿条旋转气缸的原理也基本相同。

气缸一般需要与电磁阀配合，通过不同气孔的通放气来完成直线或旋转动作。常见气缸外形如图 8-9 所示。

图 8-9　常见气缸外形

常见型号如：QGS、JB 等。

生产厂家有：济南华能气动元器件公司、SMC 公司等。

8.7　机柜照明

有一些电控柜要求在门打开时（或是夜间）能提供照明，如果采用荧光灯照明则电路如图 8-10 所示。

在图 8-10 中，照明电路由荧光灯管、辉光启动器、镇流器和开关组成。当我们需要从两个地方都能进行开关照明灯时，其电路如图 8-11 所示。

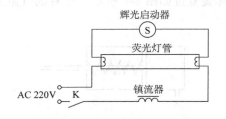

图 8-10　荧光灯照明电路

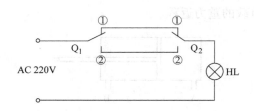

图 8-11　两个地方都能开关照明灯

在图 8-11 中，Q_1 和 Q_2 分别是安装在两处的两个开关。当 Q_2 在①位置上时，在 Q_1 位置的人通过把 Q_1 开关扳到不同的位置就可以随意开关照明灯 HL。Q_1 搬到①位置上时，灯 HL 亮，Q_1 在②位置上时 HL 灯灭，Q_1 位置的人可以正常开关灯。如果 Q_2 在②位置上，则 Q_1 位置的人把 Q_1 搬到②位置上时照明灯 HL 亮，Q_1 搬到①位置时 HL 灯灭。

在 Q_2 位置的人控制电灯的原理同 Q_1 位置的原理一样。

8.8 开关电源

常规直流线性电源由变压器、整流桥、滤波电容和稳压器件组成，开关电源通过控制开关管的导通占空比来控制输出电压值，它比常规直流线性电源体积小且质量小，所以，近年来得到了大量的应用，它的输出电压可以有很多种，并且同时也可以有多组输出。常用的电压输出：DC5V、DC6V、DC10V、DC12V、DC15V、DC24V 等，常见开关电源的外形如图 8-12 所示。

图 8-12 开关电源

常见型号：GZ、NES、S 等。
生产厂家：深圳市康达炜电子技术有限公司、明纬公司、欧姆龙公司等。

8.9 绝缘子

电气控制柜内使用的绝缘子主要用于支撑动力铜排、动力铝排和电控柜的零线接出，其外形如图 8-13 所示。
常见型号：SGR、GR1 等。
生产厂家有：温州市海磁电器有限公司、温州市海坦电器配件厂、温州中纳电气有限公司等。

图 8-13 绝缘子

8.10 塑料配线槽和金属电缆桥架

控制柜内的线路较多时，为了美观和布线方便，把线放入塑料配线槽中，配线槽由槽底和槽盖两部分组成，两侧不带出线孔的塑料线槽用于室内走线，塑料配线槽的外观如图 8-14 所示。

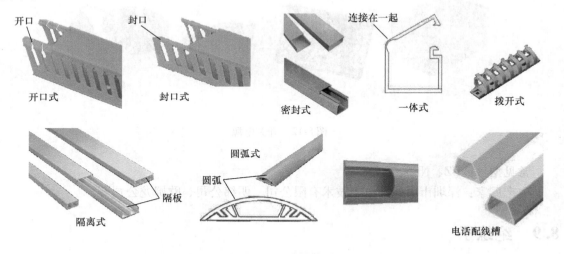

图 8-14 塑料配线槽

控制柜到动力设备或控制柜到其他控制柜之间的电线和电缆一般通过电缆桥架或电缆沟铺设，电缆桥架的外形如图 8-15 所示。

常见型号：PXC、PZC、XG、KSS 等。

生产厂家：上海四通电器塑料厂、中兴五金线槽桥架厂等。

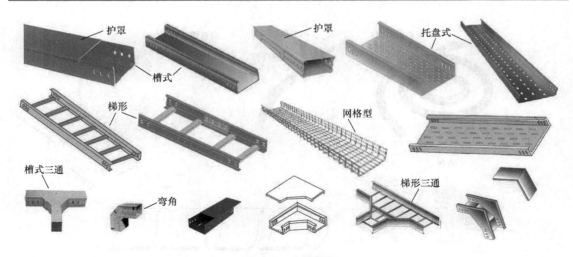

图 8-15　电缆桥架

8.11　尼龙扎带和缠绕管

自锁式尼龙扎带用于捆绑电线，以使布线显得规整，其外形如图 8-16 所示。

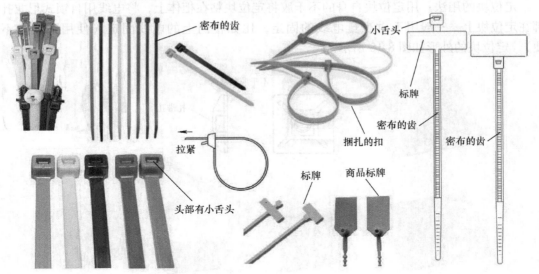

图 8-16　自锁式尼龙扎带

缠绕管（卷式结束保护带）用于保护电线不受磨损及绝缘，并可改进电线弯曲的美观，它的使用方法是先用缠绕管固定起点一端，然后按顺时针方向环绕缠紧，即可将电线束为一体，缠绕管的外观如图 8-17 所示。

常见型号：CHS、XG、PC 等。

生产厂家：长虹塑料有限公司、广州市新光塑料五金有限公司、乐清市正德塑料制造有限公司等。

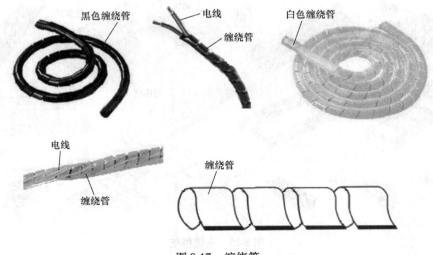

图 8-17　缠绕管

8.12　接线端头、定位块和电缆固定头

定位块的用法：用定位块自身的不干胶将定位块粘在柜体上，将电线用自锁式尼龙扎带绑在定位块上，一般用于对少量电线的固定，比如柜门上的电线固定（使用配线槽不方便），定位块的外形如图 8-18 所示。

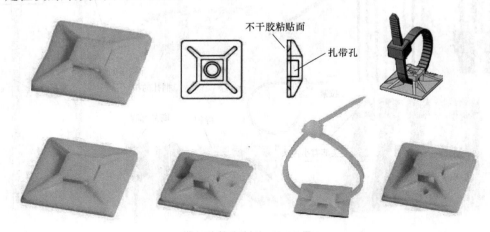

图 8-18　定位块

电缆固定头的用法：当电线电缆从柜内接出时，为了防止线缆折损和从内部端子上被拉松，需要用电缆固定头将电线固定锁紧，电缆固定头的外形如图 8-19 所示，当导线需要穿过金属孔时，为了防止金属割坏导线绝缘，需要用护线圈和护线齿放在金属孔上。

接线端头的用法：将电线的裸露头插入接线端头，用冷压钳压紧，这样可以实现可靠的连接，并且拆卸方便，接线端头的外形如图 8-20 所示。

图 8-19 电缆固定头、护线圈和护线齿

图 8-20 接线端头

接线端头对应的压线钳形状如图 8-21 所示。

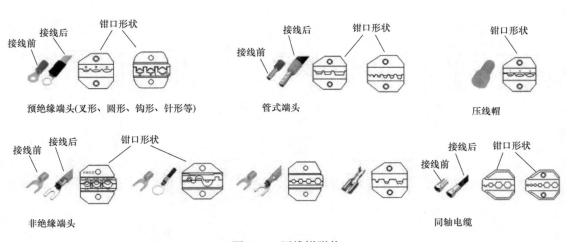

图 8-21 压线钳形状

8.13　电气导轨

　　电气导轨，也称为（电器）安装轨，电气导轨用于安装端子排、断路器、中间继电器、交流接触器、继电器、传感器的变送模块、信号隔离模块、PLC、控制器、避雷器等器件，很多电气元件和控制器需要安装在导轨上使用，导轨用钢板、铝合金等不同材料制成，导轨上的孔用于将导轨安装到控制柜框架或安装板上，导轨上翘起的边沿用于卡住安装到导轨上的电气元件。

　　导轨的外形如图 8-22 所示。

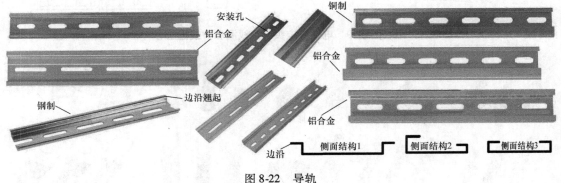

图 8-22　导轨

第9章　常见电子元器件及开发工具

9.1　电阻

电阻对电流有阻碍作用，就像输水的管路对水流有阻碍作用一样，管道越细，水流动的阻力就越大。电阻也是一样，电阻越大，电流就越小，电阻在电路中起限流、分压等作用。电阻上的电压 U、电流 I 和电阻 R 符合欧姆定律 $U = I \times R$，电气控制电路中常用如图9-1所示的电路来得出分压值。

在图9-1中，电流 $I = U_{AB}/(R_1 + R_2 + R_3)$，其中 R_2 为带有中间抽头的可变电阻，电阻 R_2 从中间抽头向两边等效为 R_{2-1} 和 R_{2-2}，并且 $R_2 = R_{2-1} + R_{2-2}$，A 和 C 两点的电阻值为 $R_1 + R_{2-1}$，C 和 B 之间的电阻值为 $R_{2-2} + R_3$，则分压器输出的电压 U_{CB} 见式（9-1）。

$$U_{CB} = I \times (R_{2-2} + R_3) = U_{AB} \times (R_{2-2} + R_3)/(R_1 + R_2 + R_3)$$
$$(9\text{-}1)$$

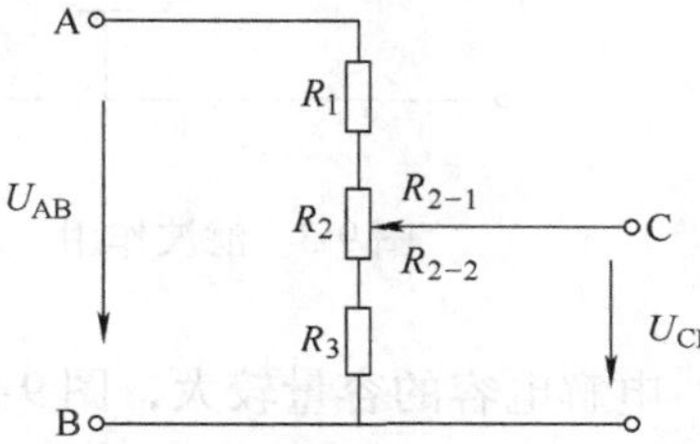

图9-1　分压电路

调节 R_2 中间触头的位置，改变 R_{2-2} 的值，可以得到不同比例的分压输出的电压值。

大功率电阻的主要用途有：用串电阻方式来起动电动机；作为变频器和伺服控制器的制动电阻；工业加热炉等。

有一些电阻对光、某种气体或电压等较敏感，电阻值同时会发生相应的变化。对光和气体敏感的电阻常用于测光和测气的传感器。对电压敏感的电阻，称为压敏电阻，它的特性是电压高于某一值时，电阻会瞬间短路，将电荷放掉，这类电阻和熔断器配合常用于保护内部电路，防止外部高电压对内部电路的损伤。

常见电阻有金属膜、碳膜、氧化膜、绕线、釉、水泥、贴片、无感、光敏、压敏、热敏、气敏、熔断等不同类型，其部分电阻的外形如图9-2所示。

电阻的主要参数是电阻值、功率、精度和温变系数等。

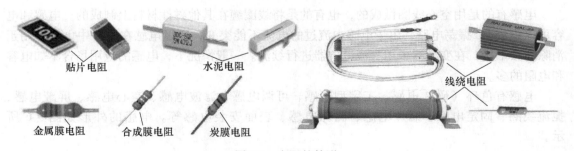

贴片电阻　　水泥电阻　　　　　　　　　　线绕电阻

金属膜电阻　　合成膜电阻　　炭膜电阻

图9-2　电阻的外形

9.2　电容电感

电容能存储电荷，就像水池能储存水一样，电容上的电压不会突变。在图9-3中，U_i有尖峰电压时，由于电容上的电压不能突变，U_i通过R给电解电容C充电，在输出端U_o上的电压波动被大大减小，电容在这里起的是滤波作用。

在图9-4中，电容C起隔离直流的作用，由于电容上的电压不能突变，U_i中的变化量可以通过电容C传到U_o侧，而U_i中的直流分量则通过不了电容C，这就是电容的隔直作用，图9-4中的电路一般用于提取交流信号。

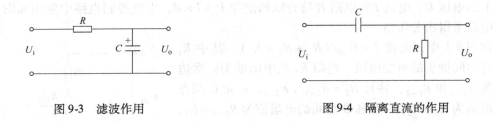

图9-3　滤波作用　　　　　　　　　　　　　图9-4　隔离直流的作用

电解电容的容量较大，图9-3中的电容符号表示电解电容，图9-4中的符号表示非电解电容。电容的主要参数是电容值、耐压系数、漏电系数、温度系数等。

电容有独石、云母、聚乙脂膜、陶瓷、钽、铝电解、金属化聚丙烯薄膜、金属化聚碳酸酯、贴片等不同种类，常见电容的外形如图9-5所示。

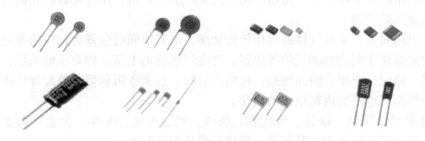

图9-5　常见电容的外形

电感有的是用空心线圈做成的，也有的是将线圈缠在其他磁性材料上制成的。电感和电容可以组成LC振荡电路，由于电感中流过的电流不能突变，所以电感在电路中也常被用于消除高频干扰，在变频器中用直流电抗器进行续流。一般情况下，电感的应用场合不如电容和电阻的多。

电感有色环（码）电感、工字型电感、可调电感、滤波电感、空心电感、屏蔽电感、扼流线圈、固定电感、贴片电感、磁珠电感、表面安装电感等。电感的外形如图9-6所示。

图 9-6　电感的外形

9.3　二极管

二极管的作用有点像供水管路中的单向阀，如图 9-7 所示，单向阀只允许水向一个方向流动，当水反向流动时它的阀板由于重力（或弹簧等其他力量）就关闭。

二极管对于电流也有单向导通作用，二极管其实就是一个 PN 结，它允许电流从 P（正）端流向 N（负）端，电流可以顺箭头所指向流过，二极管的压降约为 0.3V（锗管）和 0.7V（硅管）。

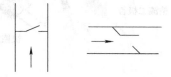

图 9-7　单向阀

在图 9-8 中，由于二极管的单向导电性，U_C 约等于 U_A 和 U_B 中电压最低的那个值，只有 U_A 和 U_B 的电压都高时，U_C 的电压才高，该电路相当于一个"与"门。

在图 9-9 中，U_C 约等于 U_A 和 U_B 中电压最高的那一个值，只有 U_A 和 U_B 都低时，U_C 的电压才低，该电路相当于一个"或"门。

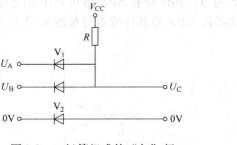

图 9-8　二极管组成的"与"门

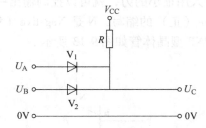

图 9-9　二极管组成的"或"门

二极管反向不导通，但是当反向电压高于某一值时，会发生反向雪崩击穿，利用二极管的这一特性可以做成稳压管，稳压二极管的作用是将不稳定的电压经过电阻和稳压二极管后变为稳定的电压输出，在电路中常用作稳定的供电电源或是电压基准。发光二极管的作用是通电后发光。稳压二极管和发光二极管的常用方法如图 9-10 所示。在图 9-10 中，$U_i > U_o$，U_o 为稳定的输出电压，R_1 和 R_2 为限流电阻，R_2 的电阻值应保证流入发光二极管 VL 的电流

不超过发光二极管 *VL* 允许的电流值，R_1 的电阻值应保证流入稳压二极管 *VS* 的电流不超过稳压二极管 *VS* 允许的电流值。

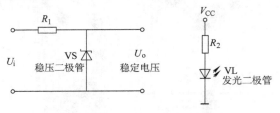

图 9-10　稳压二极管和发光二极管

二极管的主要参数：最大电流、耐压系数、最高工作频率、正反电阻、压降系数、稳压值、发光颜色等。二极管的种类有锗、硅、检波、整流、开关、稳压、快恢复、发光、光敏、激光等不同类型，常用小功率二极管的型号有 1N4001-1N4007、UF4001-UF4007、IN4148 等，二极管的几种常见外形如图 9-11 所示。

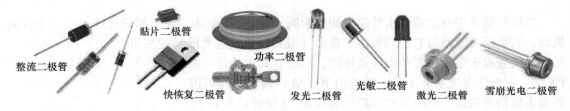

图 9-11　二极管的几种常见外形

9.4　晶体管

晶体管在电路中主要起放大（反相或驱动）作用，它的主要参数有：放大倍数 β、耐压系数、最大电流、最高工作频率等。晶体管类似于管道上的按压式冲水阀（或液压千斤顶），人用很小的力，就可以控制输出一个较大的力。晶体管有 NPN 型和 PNP 型之分，P 是 Positive（正）的缩写，N 是 Negative（负）的缩写，NPN 型晶体管符号如图 9-12 所示。PNP 型晶体管如图 9-13 所示。

图 9-12　NPN 型晶体管　　　　　　　　　　　图 9-13　PNP 型晶体管

b 叫基极（base），c 叫集电极（collection），e 叫发射极（emission），图中的 $i_c = \beta \times i_b$，$i_e = i_c + i_b = (1 + \beta) \times i_b$，人们常通过控制基极电流 i_b 的变化来得到放大了 β 倍的 i_c，晶体发

射极的箭头总是从 P（正）指向 N（负），这样简述有助于我们记住 NPN 和 PNP 型晶体管的区别。

下面以一个简单的 NPN 型晶体管放大电路为例，说明晶体管的工作过程，如图 9-14 所示。

在图 9-14 中，U_{be} 的电压约为一个二极管的压降，则 $i_b = (U_i - U_{be})/R_1$，
$i_c = \beta \times i_b$，

$$
\begin{aligned}
U_o &= V_{cc} - R_2 \times i_c \\
&= V_{cc} - R_2 \times \beta \times i_b \\
&= V_{cc} - R_2 \times \beta \times (U_i - U_{be})/R_1 \\
&= (V_{cc} + \beta \times U_{be} \times R_2/R_1) - U_i \times \beta \times R_2/R_1
\end{aligned}
$$

如果忽略 U_{be}，近似认为 $U_{be} \approx 0$，并假设 $R_2 = R_1$，则

$$U_o = V_{cc} - U_i \times \beta \tag{9-2}$$

式（9-2）中，U_o 的变化幅度是输入电压 U_i 的 β 倍，这就是晶体管的放大作用，当输入电压 U_i 只在 V_{cc} 和 0V 两点变化时，输出 U_o 相反只在 0V 与 V_{cc} 两点变化，这相当于一个反相门。

在图 9-15 中，给出了用 NPN 型晶体管实现提高驱动能力的射极跟随电路。

在图 9-15 中，$U_o = U_i - U_{be} \approx U_i$，也就是射极输出电压跟随基极电压的变化，由于晶体管发射极能输出大的电流，所以发射极的输出电压 U_o 其驱动能力比 U_i 要大得多。

图 9-16 是 PNP 晶体管组成放大电路的一个例子，在图 9-16 中：

$$
\begin{aligned}
i_b &= (V_{cc} - U_{eb} - U_i)/R_1 \\
U_o &= i_c \times R_2 = \beta \times i_b \times R_2 \\
&= \beta \times R_2 \times (V_{cc} - U_{eb} - U_i)/R_1 \\
&= (V_{cc} - U_{eb}) \times \beta \times R_2/R_1 - U_i \times \beta \times R_2/R_1
\end{aligned}
$$

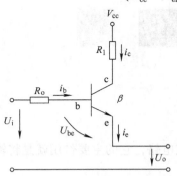

图 9-15　射极跟随电路

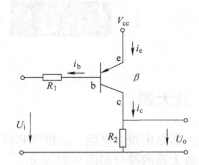

图 9-16　PNP 型晶体管组成的放大电路

假设 $R_2 = R_1$，$U_{eb} \approx 0$，则

$$U_o = V_{cc} \times \beta - U_i \times \beta \tag{9-3}$$

式（9-3）中，U_o 的变化幅度比 U_i 大了 β 倍，这就是晶体管的放大作用。

常见小功率晶体管型号：9012、9013、9015、8550 等。晶体管的外形如图 9-17 所示。

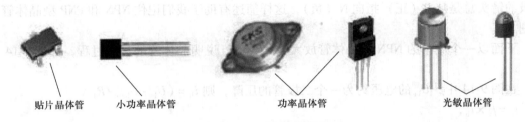

　　贴片晶体管　　　　小功率晶体管　　　　　　功率晶体管　　　　　　光敏晶体管

图 9-17　晶体管的外形

9.5　三端稳压器

　　三端稳压器是由很多电阻、二极管和晶体管组成的集成电路，它的主要作用就是将输入的直流电压变为一个稳定的输出电压，三端中的一个脚为输入端、一个脚为输出端、另一个脚为公共地，三端稳压器的外形及 7805 三端稳压器使用方法如图 9-18 所示，为了保证 7805 输出稳定的 +5V，图 9-18 中的 U_i 要大于 +7V。

图 9-18　三端稳压器

9.6　数码管

　　数码管是由多个发光二极管按照阿拉伯数字 8 的形状排列组成，数码管有共阴极和共阳极之分，颜色有：红、绿、黄、蓝等不同种类，外形如图 9-19 所示。

图 9-19　数码管

9.7　放大器

　　放大器是由很多电阻、二极管和晶体管组成的集成电路，它的主要作用就是将输入信号放大。放大器的符号如图 9-20 所示。

　　放大器输出电压 $U_C = \beta \times U_{AB}$，由于放大器内部设计的原因，一般放大器可按理想放大器近似处理：

　　1）假设放大倍数（β）等于无穷大，也就是 U_{AB} 近似等于零，即 $U_A = U_B$。

　　2）假设输入阻抗 r 等于无穷大。

　　根据这两个假设分析图 9-21 所示的放大电路。

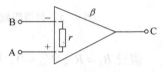

图 9-20　放大器

得：
$$U_A = U_B = 0V$$
$$i_2 = (U_B - U_o)/R_2 = -U_o/R_2$$
$$i_1 = (U_i - U_B)/R_1 = -U_i/R_1$$

由于放大器的输入电阻 r 为无穷大，B 点的电流不再流入放大器，流入电流 i_1 等于流出电流 i_2，既 $i_1 = i_2$，联立求解，得

$$U_o = -R_2 \times i_2 = -R_2 \times U_i/R_1 = -(R_2/R_1) \times U_i \tag{9-4}$$

式（9-4）中，可以看出图 9-21 中的输出电压 U_o 的变化是输入电压 U_i 的 R_2/R_1 倍，变化方向相反。

在图 9-22 中，放大器的作用只是为了提高信号的带负载能力，一般这种电路在弱电信号检测的输入级应用较多。因为这种接法 $U_o = U_i$，但是 U_o 的带负载能力却大大提高了。

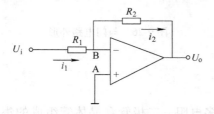

图 9-21　反向放大电路

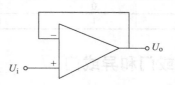

图 9-22　放大器组成的跟随电路

分析图 9-23 中的电路，得
$$i_1 = i_2$$
$$i_1 = U_i/R_1$$
$$i_2 = (U_o - U_i)/R_2$$
$$U_o = ((R_2 + R_1)/R_1) \times U_i = (1 + R_2/R_1) \times U_i \tag{9-5}$$

式（9-5）表明，在图 9-23 中，改变 R_2 和 R_1 的值，可以改变电路的放大倍数（$R_2 + R_1$）$/R_1$，U_o 的变化幅度是 U_i 的（$R_2 + R_1$）$/R_1$ 倍，且 U_o 和 U_i 是同相变化。

放大器的外形有多种，图 9-24 给出了其中几种。

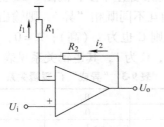

图 9-23　正向放大电路

图 9-24　放大器的外形

常见的小功率运算放大器型号：LM324、F747、OP07、CA3414 等。

9.8　与门

与门电路是数字电路中的基本单元之一，它是由很多电阻、二极管、晶体管组成的集成电路，其符号如图 9-25 所示。

它的逻辑关系是：A "与" B 输入都为 1 （高）时，则 C 才输出 1 （高），其他条件，C 都输出 0 （低）。这一点与 PLC 中 "与" 的概念一样。用公式表达为：$C = A \cdot B$

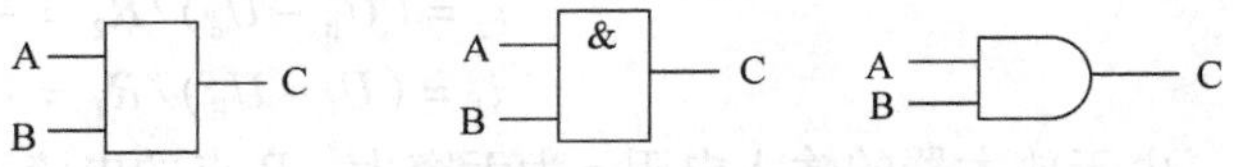

图 9-25　与门集成电路

"与" 门逻辑关系见表 9-1。

常见与门电路如 74LS09、CD4011 等。集成电路因封装形式不同有：贴片式、双列直插式等，与门电路外形如图 9-26 所示。

表 9-1　"与" 门逻辑关系

A	B	C
0	0	0
0	1	0
1	0	0
1	1	1

图 9-26　与门电路外形

9.9　或门和异或门

或门是数字电路的基本单元之一，它也是由很多电阻、二极管和晶体管组成的集成电路，其符号如图 9-27 所示。

它的逻辑关系是：A "或" B 有一个为 1 （高），则输出 C 就为 1 （高），其他条件，C 为 0 （低）。用公式表达：$C = A + B$，表 9-2 给出了其逻辑关系。

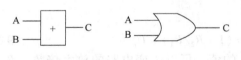

图 9-27　或门数字电路

表 9-2　"或" 门逻辑关系

A	B	C
0	0	0
0	1	1
1	0	1
1	1	1

常见或门电路如 74LS32、CD4001 等，集成电路的外形都差不多，同图 9-26 基本相同。

异或门的符号如图 9-28，它的逻辑关系为 A 和 B 相互不同既相 "异"，则输出 1 （高），表示为：A = 1，B = 0，则 C 为 1 （高）；A = 0，B = 1，则 C 也为 1 （高）；A = 0，B = 0，则 C 为 0；A = 1，B = 1，则 C 为 0。也就是 A 和 B 相异时，C 为 1，其逻辑关系见表 9-3。

表 9-3　"异或" 门逻辑关系

A	B	C
0	0	0
0	1	1
1	0	1
1	1	0

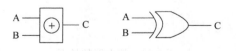

图 9-28　异或门

常见异或门电路如 74LS86、CD4070 等。

9.10　非门

"非" 门（反相门）是数字电路的基本单元之一，其符号如图 9-29 所示。

在图 9-29 中，"非"门的 3 种表示方法中推荐使用"国际符号"，输出端的小圆圈表示取反，既输入为 1 则输出为 0，其逻辑关系为：输出 C 与输入 A 成反相关系，即 A 为 1，则 C 为 0，A 为 0，则 C 为 1，其逻辑关系见表 9-4。

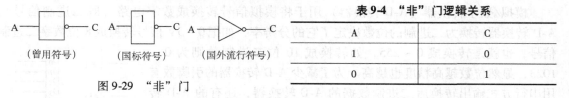

（曾用符号）　　　　　（国标符号）　　　　　（国外流行符号）

图 9-29　"非"门

表 9-4　"非"门逻辑关系

A	C
1	0
0	1

常见非门电路如 74LS04、CD4049 等，其外形同图 9-26 基本相同。

9.11　触发器

触发器有 D 和 JK 等几种形式，它是数字电路的基本单元之一，以边沿 D 触发器为例，其符号如图 9-30 所示。

在图 9-30 中，R（reset）为清零端，由于 R 端有一个小圆圈，表明 R 端为低电平有效，S（set）为置位端，CI 为时钟触发端，ID 为输入端，Q 为输出端。边沿 D 触发器的逻辑关系见表 9-5。

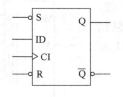

图 9-30　边沿 D 触发器

表 9-5　D 触发器的逻辑关系

R	S	ID	CI	Q
0	X	X（任意）	X	0
1	0	X	X	1
1	1	1	上升沿	1
1	1	0	上升沿	0
1	1	X	下降沿	不变
1	1	X	不变	不变

常见的 D 触发器有 74LS273、CD4017 等。

9.12　计数器

计数器有加计数器和减计数器之分，以 4 位加计数器为例，其电气符号如图 9-31 所示。

在图 9-31 中，复位端 R（Reset）为 1 时，4 位加计数器的输出 A、B、C、D 变为 0，置位端 S（Set）为 1 时，A_1、B_1、C_1、D_1 的值放入计数器中，在图 9-31 中，CI 为触发端，CI 端的小三角表明，此端为脉冲输入端，CI 端每输入一个脉冲，计数器 A、B、C、D 的输出值就加 1。

减计数器的原理与加计数基本相同，只是 CI 端每来一个脉冲，计数器 A、B、C、D 的输出值就减 1。

常见计数器电路如 74LS197、CD4040 等。

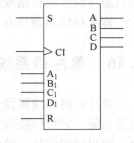

图 9-31　4 位加计数器

9.13　模拟-数字转换器

　　模拟/数字转换器（A-D 转换器）用于将模拟信号转换成数字电路（既二进制信号），A-D 转换器转换为二进制的位数决定了它的分辨率，如把 0 ~ 5V 信号转换成 8 位数字二进制信号，也就是转换成 0 ~ 255，如转换成 10 位二进制数则为 0 ~ 1023，显然位数越高精度也越高。为了减少 A-D 转换器的引脚数有用串行方式输出转换后二进制数据的 A-D 转换器，还有的 A-D 转换器（如万用表上的 A-D 转换器 7106）可以直接输出 10 进制的 8421 码。下面以 AD0809 为例，给出把 0 ~ 5V 转换成 8 位二进制数得 A-D 转换器的接线方式，如图 9-32 所示。

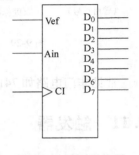

图 9-32　A-D 转换器

　　在图 9-32 中，$D_0 \sim D_7$ 为 8 位二进制数字输出，A_{in} 为 0 ~ 5V 模拟输入端，V_{ef} 为标准参考（基准）电压。

　　常见 A-D 转换器如 AD0809、AD574、7135 等。

9.14　数字-模拟转换器

　　数字-模拟转换器（D-A 转换器）用于将数字电路的二进制信号转换成模拟信号输出，它与 A-D 转换器的原理相反，D-A 转换器的分辨率有 8 位、10 位、12 位、14 位等，分辨率越高，其 D-A 转换输出的模拟信号就越精细，精度也就越高。以 8 位 D-A 转换器 DA0832 为例，如图 9-33 所示。

　　D-A 转换器常见型号如 DA0832、AD7533 等。

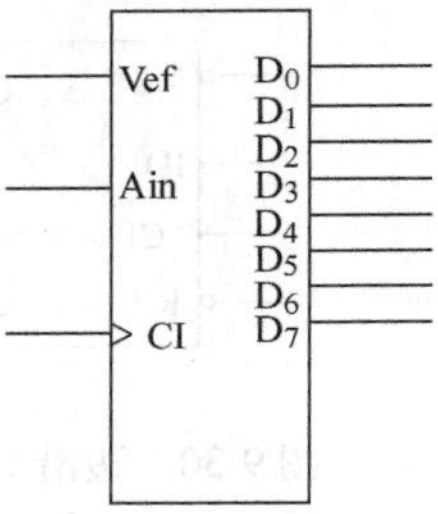

图 9-33　D-A 转换器

9.15　存储器

　　存储器是专门用于存放程序和数据的器件，它有很多种类，包括随机存储器 RAM、可擦除存储器 EPROM（紫外光擦除）、E^2PROM（电擦除）、Flash（闪存）、只读存储器 ROM 等，它的主要参数：存储容量（16K，64K 等）、读写方式（并行或串行）、存储位数（1 位、8 位、16 位等）、存储速度等。RAM 的速度快，但是掉电后内容不能保存；ROM 存储器只能在线读取数据或程序，必须在出厂时定制；Flash 的读取方便且速度也较快。

　　常见存储器型号有 6264、2764、24C02 等。

9.16　单片机系统及开发设备

　　单片机可以按照预先编好的程序，能完成诸如数据输入、复杂运算、数据显示、动作输出等功能，它可以接收外围器件的模拟信号输入、显示数据到外围显示器件、接收按键指令、输出模拟信号、接收开关量信号、输出开关量信号等。以单机片控制为中心的设备开发，需要用专门的单片机开发设备，对其进行编程调试，形成完整的单片机产品，如 PID 控制器、数据显示仪等。关于单片机详细的内容可参阅其他书籍。常见的单片机有 8031、89C51、PIC17C43 系列等，单片机的外形（贴片、双列直插等）和引脚数量（40、20、16等）也各不相同，图 9-34 给出了 89C51 单片机的两种外形及引脚图。

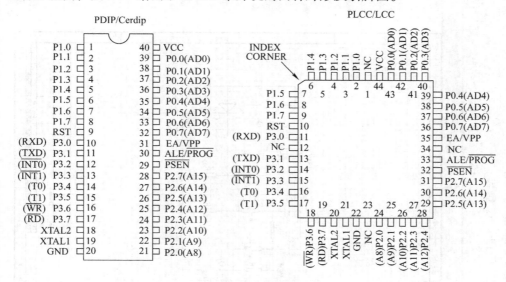

图 9-34　单片机

常见的单片机开发设备（仿真机）外形如图 9-35 所示。

图 9-35　单片机开发设备

单片机开发设备生产厂家有：江苏启东计算机厂、南京伟福实业有限公司等。

9.17　线路绘图及制板软件 Protel

具有一定功能的线路，是由电子元器件在印制电路板上焊接后连在一起来实现的。用于绘制电子线路图和设计印制电路板最常用软件是 Protel，Protel 软件用于电子电路绘图时，先从元器件库中把你所要使用的元器件调入画面中，并选定好封装形式、输入数值或标记，然后将各引脚根据设计的电子线路连接好，最后形成网点图。Protel 软件用于绘制印制电路板设计时，先画出印制电路板的尺寸，再将你设计的电子线路的网点图及所用到的电子元件调入该印制电路板中，将元器件在该印制电路板上做一个基本布局，选择在哪个面上布线，哪个面上布件，是单面、双面还是多面等，然后你可以选择人工布线或自动布线方式进行布线操作，布完线，您可以让 Protel 软件将电子线路图和制板图做一个对比检查，看有无错误。在丝网印刷层写好附加信息（如编号、公司等），最后，您可以将设计好的印制板电子文档发送到专门的制板厂加工即可。

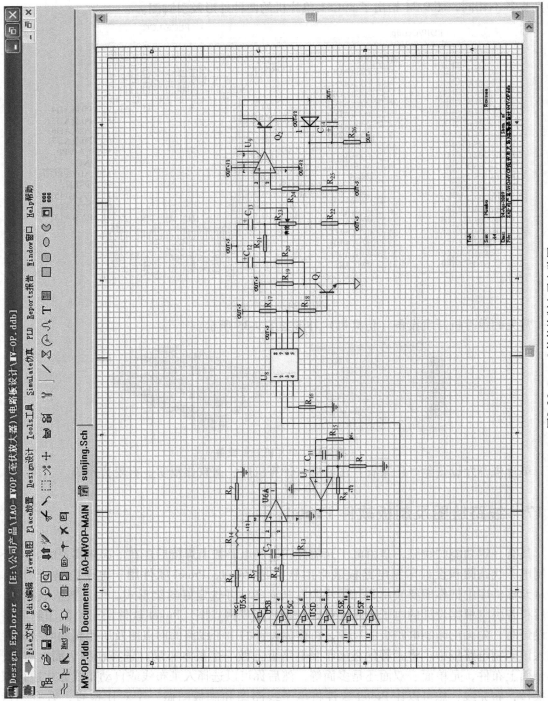

图9-36　Protel软件绘制电子电路图

Protel Design System 包括下面几部分：

1）Advanced Schematic 的主要功能是绘制电路图、编辑零件库及生成网络表文件。

2）Advanced PCB Design 的主要功能是用来设计印制电路板。

Protel 软件绘制电子电路的运行画面如图 9-36 所示，印制电路板设计画面如图 9-37 所示。关于 Protel 软件更详细的资料请参阅其他文献。

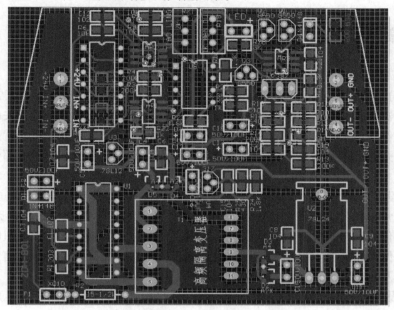

图 9-37　Protel 设计印制电路板

第 10 章　故障分析及抗干扰措施

10.1　故障分析

一般情况下，故障分析的顺序是这样的：

1）首先分析供电电源部分：测量电源看有没有电或缺相，如果电源不正常，看一下供电电源的断路器是否跳闸，二次控制电路的熔断器或熔丝是否烧断，电源开关的触点是否良好。在实际工作中，很多人往往忽略了这一步，好几天没有修好的设备可能就是一个熔断器坏了或是电源开关的触头接触不良了，或者根本就没有电。如果设备的供电部分正常，这一步可以跳过。

2）检查设备的输入部分：在闭环的自动控制系统中，如果没有输入信号或不正常，则系统是无法正常工作的，就像正常人走路，如果他的眼睛出了问题，自然走路也就不正常了。检查输入传感器是否发生故障或断线。在电气控制中，如果功能输入按钮触点不正常或是继电器的自保触点接触不良，电控系统也不能正常工作。如果所有的输入信号显示正常或功能控制按钮及自保触点正常则此步可以跳过。

3）检查设备的输出部分：如果控制器有输出信号，但执行器（如变频器）不动作，说明是执行部分有问题或到执行器的连线有问题。在电气控制中，检查输出到电动机等用电设备的电源是否正常，有无缺相问题。如果正常，说明是用电设备（或电动机）自身有问题。如果控制器的输出信号正常，则跳过此步。

4）检查中间线路及主控制器：由电源开始从上向下顺序，检查中间线路，看到底是哪个部件出现的断电或缺相，然后解决之。对于主控制器（如 PLC），先单点检查输出口的动作和输出信号是否正常，如果正常则再重点检查程序看是哪里有问题。

10.2　抗干扰措施

引起干扰的原因五花八门，我们在此不可能一一列出，下面就几种常见的抗干扰方法及适用场合进行讲述。

10.2.1　共模干扰

当现场一路以上的 $4\sim20\text{mA}$、$0\sim10\text{mA}$、$1\sim5\text{V}$ 测量信号需要同时送入多个控制器时，可能会因共模干扰而使控制器检测不到正确的输入信号，出现信号溢出或不正常的现象。如图 10-1 所示，给出两路 $4\sim20\text{mA}$ 传感器信号，同时送入 PLC 和 RTU 的例子。

对于传感器输出的电流信号，只要 PLC_1 和 RTU_1 的输入阻抗之和不大于压力传感器要求的输出负载阻抗即可，压力传感器 P_1 的信号可以同时串联输入 PLC_1 和 RTU_1，如果只有 P_1 信号，则 PLC_1 和 RTU_1 也都可以正常接收 P_1 的信号，而当液位传感器的 $4\sim20\text{mA}$ 信号

也同时送入 PLC_1 和 RTU_1 时，问题可能就来了，因为 PLC_1 接收信号的（－）端都是在 RTU_1 的（＋）端，当 P_1 和 L_1 的信号电流不一样时，就很可能使得 PLC_1 两个（－）端的电位有较大的差异，这就形成了共模干扰电压，如果 PLC_1 的输入端互相又不是隔离的，则会造成 PLC_1 的模拟信号输入端接收不正常，RTU_1 的两个接收信号都是在 PLC_1 的后面，其（－）端电位可以保持在 RTU_1 内部电路设定的状态，问题不大。

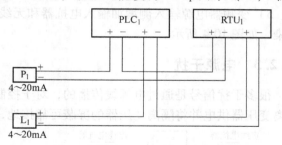

图 10-1　传感器信号同时送入 PLC 和 RTU

图 10-1 所示的例子可以用在 PLC_1 一侧加装隔离变送模块的方法来解决，隔离变送模块按如图 10-2 所示接线。隔离变送模块的输入和输出之间电位是隔离的，也有的隔离模块输入、输出及电源三方都是隔离的。

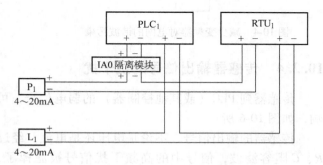

图 10-2　一侧用隔离变送模块

接上隔离变送模块后，PLC_1 的两个（－）端中，由于有一个是处于隔离状态的，所以不会出现两个（－）端一高一低，而出现与 PLC 内部电路不适应的现象。如果经济允许你也可以在每个输入端接上一个隔离变送模块，隔离模块的供电电压多数是 +24V，也有的是 AC220V。常见隔离模块的外形如图 10-3 所示。

常见隔离模块的型号：IA0、GL等。

图 10-3　常见隔离模块的外形

生产厂家：河北省自动化技术开发公司、北京金易奥公司等。

10.2.2　变频器干扰

变频器输出的正弦波是由很多的高频方波叠加而成的，其中含有大量的谐波分量，这些谐波分量通过电源线、耦合、感应等方式传播，严重时会使很多传感器或电子设备不能正常工作，有时还会使变频器自身经常出现接地故障导致不能正常工作。如果变频器到被控电动机的线路较长，即使线缆的绝缘再好，由于电缆内的金属线与电缆处的大地构成一分布电容，变频器的高频谐波仍会形成位移电流进入大地，即使绝缘再好的电缆也无济于事，从而导致进入变频器的三相电流矢量之和不为零，这可能会使漏电保护开关跳闸发生误动作或使变频器出现电动机接地故障而停机，遇到这种情况可采取的措施有：

1）变频器要按说明书正确可靠地接地。

2）把变频器的载波频率尽量设低一些，降低谐波辐射强度减少位移电流，避免漏电开关跳闸。

3）变频器输出侧接输出电抗器，以减小电缆的电磁辐射和位移电流。

4）与变频器连接的输入输出信号用上节讲的隔离模块或中间继电器隔离开。

5）变频器电源输入侧增加输入电抗器和无线电干扰抑制器，减少变频器对电网的谐波污染，如图 10-4 所示。

10.2.3　电源干扰

很多干扰信号是通过电源线传播的，对于控制线路和控制装置，其电源可以采用 1:1 的隔离变压器供电并将隔离变压器的屏蔽可靠接地，如图 10-5 所示。

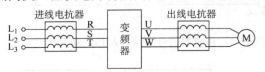

图 10-4　减少变频器对电网的谐波污染

图 10-5　隔离变压器

10.2.4　传感器输出信号的抗干扰

传感器到 PLC（或其他控制器）的弱电信号，可采用阻容滤波的方式来减少干扰的影响，如图 10-6 所示。

传感器的输出信号，不论是电压还是电流，经过 R、C 阻容滤波，信号中的高频干扰信号被滤掉了，输出的信号就平滑了。如果传感器是电压信号，电阻 R 可以大一些，1K 至几百 K 均可，电容 C 从 0.1 ~ 10μF，如果传感器输出的是电流信号，则电阻 R 及

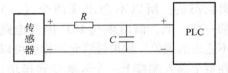

图 10-6　阻容滤波

PLC 侧的输入电阻之和不能大于传感器的最大负载电阻值，多数情况下 $R \leq 500\Omega$，电容 C 的值从 0.10 ~ 10μF 之间。

10.2.5　控制器的开关量输入

有时 PLC 或其他控制器的开关量输入由于受外界干扰影响，而瞬间输入错误，导致 PLC 产生误动作，这时就在 PLC 的输入端上并上一个 0.1μF 的小电容来消除这种干扰，如图 10-7 所示。

10.2.6　电气电路控制失灵

用按钮和开关起停较远处的交流电动机（或设备）时，有时想关闭却关不了，电路如图 10-8 所示。

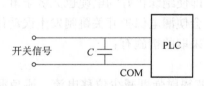

图 10-7　消除开关量输入的干扰

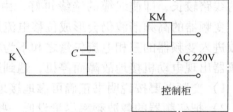

图 10-8　远端交流接触器控制失效

由于开关 K 离交流接触器 KM 距离较远，两根电线很长导致其分布电容 C 将变得较大，在交流电路中，这个分布电容中将有位移电流流过，即使开关 K 断开也可能因 KM 维持能量不需要太大而导致 KM 不能释放，设备停不下来，这种情况可以采用如下解决方法：

1）可以用直流信号远控。

2）在交流接触器 KM 的线圈上并一个电灯或是电阻，使分布电容流过的电流不足以再维持线圈的吸合。

10.2.7 屏蔽双绞线和屏蔽线接地

对于弱信号的传输，如能形成一对电流相等方向相反的回路，最好采用双绞线，这样导线本身就具有一定的抗干扰能力，因为两个相近的对绞线形成的感应电压正好相反，本身就把外界耦合进来的干扰信号给抵消掉了，如果再加上良好的屏蔽，其抗干扰的能力就更强了。多数弱电信号线的屏蔽层可以在接收信号侧（如 PLC 侧）一点集中接地，或是两边都不接地，视实际现场的抗干扰效果而定，多数介绍抗干扰的书籍和资料，都强调屏蔽的一点接地原则，但我们在实际中也发现过屏蔽线两边都接地效果更好的案例。

第 11 章　电动机参数的计算与选取

电动机是电气自动化设备中最主要的执行部件，它包括交流电动机、直流电动机、交流伺服电动机、直流伺服电动机、步进电动机等。在自动化设备的设计中，电动机的选取是经常遇到的问题，您需要计算所需电动机的参数，新手往往不知从何下手，下面我们给出简单的计算和选择方法。

11.1　电动机的额定转矩 N_e 的确定

电动机的选取主要是额定转矩计算，电动机的额定转矩 N_e 应满足：

$$N_e > N_w + N_f$$

式中，N_w 为负载转矩，N_f 为设备阻转矩。

负载转矩 N_w 包括匀速负载转矩 N_c 和变速负载转矩 N_{ad}，变速负载转矩 N_{ad} 包括加速负载转矩 N_a 和减速负载转矩 N_d，变速负载转矩 N_{ad} 取加速负载转矩 N_a 和减速负载转矩 N_d 中最大的一个考虑即可。

$$N_w = N_c + N_{ad}$$
$$N_{ad} = \max(N_a, N_d)$$

设备阻转矩 N_f 包括设备静止阻转矩 N_{fs} 和设备运动阻转矩 N_{fw}，一般设备静止阻转矩 N_{fs} 大于设备运动阻转矩 N_{fw}，设备阻转矩按两者中最大的设备静止阻转矩 N_{fs} 考虑即可。

$$N_f = N_{fs}$$

1. 阻力转矩的计算与确定

对于已有设备进行改进，可采用实验方法获得。如果是新设备，按以往的经验或查阅有关参考，如果查不到相关数据，必须用计算方法求取设备静止阻转矩 N_{fs}，建议新手不要继续计算了，因为计算过程麻烦，有可能计算出的结果还不一定对。建议读者，如果经验不足，就先不要考虑阻转矩，只考虑负载转矩，然后通过加大富裕系数的方法得出负载转矩，这样会更容易上手。

用实验获得设备静止阻转矩时，先卸掉电动机与连接轴的联轴器，三种简单的测量方法如下：

1）用力矩扳手（或力矩电动扳手）旋转连接轴，使连接轴刚好转动的力矩值即为设备的阻转矩值，记下该力矩读数，力矩扳手如图 11-1。

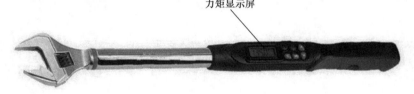

力矩显示屏

图 11-1　力矩扳手

2）把一个杆（如一节木棍或铁棍）一端用尼龙扎带（或电线）绑在连接轴上，或者将一个大扳子卡在连接轴上，如图 11-2。

杆水平放置并与连接轴垂直，杆的重量为 W_1（kgf，公斤力），在杆的另一端挂一个物件（如几个螺母，或小件），连接轴到该物件的长度为 L（m，米），增加物件的重量至 W_2（kgf），直到连接轴开始转动，如果有拉力秤，也可以用拉力称代替，读出连接轴刚开始转动时拉力称的公斤力 W_2，公斤力（kgf）换算成牛 N 需乘以重力加速度 g，则阻力矩 N_f（N·m，牛·米）等于

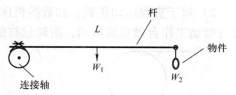

图 11-2　测试阻力矩

$$N_f = W_2 \times 9.81 \times L + W_1 \times 9.81 \times L/2$$

3）如果采用连接轴上固定一根杆的方式受限制，也可以用一条包扎绳（或料带）缠绕在连接轴上，连接轴的半径为 R（m），包扎绳（或料带）的另一端连接一个拉力称，如图 11-3 所示。

用力拉包扎绳（或料带），记下连接轴开始转动时拉力称的公斤力读数 W_2（kgf），则阻力矩 N_f（N·m）等于

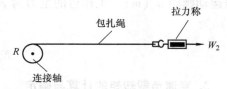

$$N_f = W_2 \times 9.81 \times R$$

如果电动机与连接轴之间的联轴器不方便卸掉，或者在连接轴上不方便固定杆（或缠绕包装绳），就需要考虑到其他轴（与连接轴有连接）上去测量，传动方式和传动比会对阻力矩计算有影响，后面讲负载转矩测量时一起讲解。

图 11-3　测试阻力矩

2. 匀速负载转矩的计算与确定

1）对于连接轴直接驱动的旋转负载

a）如是切削机床切削头或矿业掘进设备的挖掘头等，如图 11-4 所示。

匀速负载转矩 N_c 等于切削力 F 乘以切削头半径 R_1。

$$N_c = F \times R_1$$

b）如是印刷机、旋转模切机或纸机等，如图 11-5 所示。

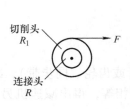

图 11-4　切削力矩

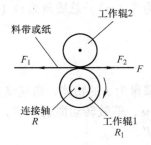

图 11-5　匀速负载转矩

向后受的总拉力 F_1（是经过该工作辊 1 的各种料带的张力之和，与联结轴旋转方向相反的力）减去向前面受的总拉力 F_2（加工后料带和废料的总张力），匀速负载转矩 N_c 为

$$N_c = (F_1 - F_2) \times R_1$$

齿轮传动或胶辊传动中力的关系，如图 11-6 所示，各个齿轮边沿的力不变，但是各个齿轮的转矩不同。

2）对于直线运动负载，如数控机床、加工中心、装配机等，连接轴带动滚珠丝杠，丝杠母带动工作台做直线运动，滚珠丝杠的螺距为 h，如图 11-7 所示。

图 11-6　齿轮传动与力的关系　　　　　图 11-7　直线运动负载

连接轴转动一周，运动角度为 2π 弧度，同时滚珠丝杠转动一周，丝杠母带动工作台直线运动螺距 h（m），工作台的推力为 F（N），根据能量守恒原理，匀速负载转矩 N_c（N·m）为

$$N_c = \frac{F \times h_1}{2\pi} = F \frac{h_1}{2\pi}$$

3. 变速负载转矩的计算与确定

加速转矩和减速转矩的计算相同，只是转矩方向相反，所以我们只讨论加速转矩的计算即可。

1）对于旋转负载

质量为 m（kg）的物体，绕半径 r（m）旋转，线速度为 V（m/s），角速度为（rad/s），其动能 W 为

$$W = \frac{1}{2}mV^2 = \frac{1}{2}m(\varepsilon r)^2 = \frac{1}{2}(mr^2)\varepsilon^2 = \frac{1}{2}J\varepsilon^2$$

转动惯量 J（kg·m²）定义为

$$J = mr^2$$

直径为 R（m），总质量为 m（kg）的均匀圆盘或长为 L 的均匀圆轴，其转动惯量 J（kg·m²）为

$$J = \frac{1}{2}mR^2$$

转动惯量为 J 的物体，角速度为 ε，经过一个减速机（或齿轮、同步带），减速比为 n，角速度为 $n\varepsilon$，等效转动惯量为 J'，不考虑摩擦，两侧动能相等，得出减速机另一侧的等效转动惯量 J'，

$$\frac{1}{2}J\varepsilon^2 = \frac{1}{2}J'(n\varepsilon)^2$$

$$J' = \frac{J}{n^2}$$

所有与连接轴传动的 k 个工作辊，与连接轴的传动比为 n_1，n_2，……$-n_k$，其转动惯量

为 J_1，J_2，$\cdots\cdots-J_k$，折算到电动机侧连接轴转动惯量为 J_{1d}，J_{2d}，$\cdots\cdots-J_{kd}$，电动机的转动惯量为 J_m，则折算到电动机侧的总转动惯量 J 为

$$J = J_m + J_{1d} + J_{2d} + \cdots + J_{kd} = J_m + \frac{J_1}{n_1^2} + \frac{J_2}{n_2^2} + \cdots + \frac{J_k}{n_k^2}$$

根据设备的车速要求，折算到连接轴，连接轴角速度从 0 加速到 ε 的时间为 $t(s)$，连接轴上需要的转矩为 N_{ad}（N·m）即为电动机需要提供的变速转矩。

$$N_{ad} = F \times r = (ma)\,r = m\frac{v}{t}r = m\frac{\varepsilon r}{t}r = mr^2\frac{\varepsilon}{t} = J\frac{\varepsilon}{t}$$

如果连接轴与电动机之间还有一个减速机，连接轴扭矩 N_{ad}（N·m）转速 n_1（r/min），经过减速比为 n 的减速机，折算到电动机侧的转矩为 N_{ad}（N·m）转速为 n_2（r/min），不考虑摩擦，减速机两侧功率相等，得出电动机侧的变速转矩 N_{ad}（N·m）

$$\frac{N_{ad}n_1}{9550} = \frac{N_{ad'}n_2}{9550}$$

$$n_2 = n_1 n$$

$$N_{ad'} = \frac{N_{ad}}{n}$$

2）对于直线运动负载

连接轴带动滚珠丝杠，丝杠母带动工作台，丝杠母和工作台的质量为 m_1（kg），工作台拖动质量为 m_2（kg）的物体做直线运动，如图 11-8 所示。

物体速度从 0 加速到 v_{max}（m/s）的时间为 t（s），工作台需要施加的力 F（N）为

$$F = (m_1 + m_2)a = (m_1 + m_2)\frac{v_{max}}{t}$$

不考虑摩擦，连接轴侧和工作台侧做功相等，折算到连接轴侧的加速转矩 N_{ad1}，有

$$N_{ad1} = F\frac{h}{2\pi}$$

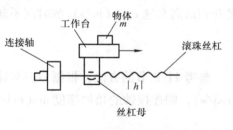

图 11-8　直线运动负载

连接轴、丝杠和电动机的转动惯量为 J，物体时间 $t(s)$ 内速度从 0 加速到 v_{max}（m/s）时，连接轴和丝杠的角速度从 0 加速到 ε_{max}（rad/s），连接轴上需要的加速转矩 N_{ad2}

$$\varepsilon_{max} = v_{max}\frac{2\pi}{h}$$

$$N_{ad2} = J\frac{\varepsilon_{max}}{t}$$

电动机需要的总加速转矩 N_{ad}

$$N_{ad} = N_{ad1} + N_{ad2}$$

11.2　电动机转速 n 的确定

电动机转速根据自动化设备要求的最高工作速度确定。

对于如图 11-9 所示的负载，料带最高速度 v（m/min），对应工作辊 1 最高转速 n_{max}（r/min）。

连接轴和工作辊 1 的最高转速相同，等于

$$v_{max} = n_{max} 2\pi R_1$$

$$n_{max} = \frac{v_{max}}{2\pi R_1}$$

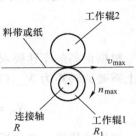

图 11-9　料带负载

对于如图 11-8 所示的负载，如果已知物体的最高直线运动速度为 v_{max}，折算到连接轴电动机侧的最大角速度为 ε_{max}（rad/s），最高转速为 n_{max}（r/min）。

$$\varepsilon_{max} = v_{max} \frac{2\pi}{h}$$

$$n_{max} = \varepsilon_{max} \frac{60}{2\pi}$$

选择电动机的额定速度 n_e

$$n_e \geqslant n_{max}$$

11.3　伺服电动机最大加速度的确定

根据工艺情况，一般运动负载有一个加速要求，例如，要求料带（或纸张）速度从 0 提升到最高车速 v_{max}（m/s）的时间不超过 t（s），料带的加速度 a（m/s²）为

$$a = \frac{v_{max}}{t}$$

参考 11.2 节的方法，根据最高车速 v_{max}（m/s）计算出电动机连接轴的最大角速度 ε_{max}（rad/s），则连接轴的角加速度 ω（rad/s²）为

$$\omega = \frac{\varepsilon_{max}}{t}$$

伺服电动机的最大角加速度 ω_{max} 一定要满足

$$\omega_{max} > \frac{\varepsilon_{max}}{t}$$

如果伺服电动机上前面还安装了一个减速机，减速比为 n，则伺服电动机的最大角加速度 ω_{max} 要满足

$$\omega_{max} > n \frac{\varepsilon_{max}}{t}$$

否则，伺服电动机的驱动器将在加速过程中出现报警。

11.4　电动机功率的确定

电动机的功率 P（kW）等于

$$P(\text{kW}) = \frac{N_e(\text{N}\cdot\text{m})\,n_e(\text{r/min})}{9550}$$

11.5 编码器分辨率的确定

编码器分辨率的选取,根据自动化设备要求的加工精度确定。例如,在图 11-7 中,要求料带的定位精度 A 为 0.1mm,工作辊 1 的直径 R_1 为 50mm,工作辊 1 的周长 L 为 $2\pi R_1 =$ 314.16mm,工作辊 1 的连接轴上安装的电动机,其编码器的最低分辨率 R_e 应为 $L/A = 3140$,为了给定位环节的 PID 及前馈参数的留出调节余地,编码器的分辨率应该提高一个数量级即大于等于 3140。即可。

$$R_e \geqslant 10\,\frac{L}{A}$$

第 12 章　高速高精度运动控制
中的参数设计和确定

自动化的第一大任务，就是替代人工，实现更快更精的生产，在数控机床、加工中心、CNC 雕刻、印刷、模切、造纸、轧钢、高铁等系统中，需要对多台电动机的速度或位置进行控制，这时候需要用到运动控制（或叫随动控制）。在运动控制中，如何设计控制系统的结构？如何确定控制系统中的 PID 参数？如何确定前馈参数？如何设置变频器的参数使速度链中变频器之间速度同步？只有合理地设计和调试运动控制的参数，才能使系统运行在更快更精的工作状态。

12.1　前馈参数的确定——"碰瓷法"

有些厂家生产的很多数控设备，其精度和速度就是比其他厂家的好，这不是偶然的，电控系统的设计和调试往往十分关键。

很多人都知道 PID 控制器，其实在运动控制中，如果只使用 PID 进行调节，其控制速度和精度并不是最佳的，原因是 PID 控制是反馈控制，只有测出反馈值，然后才通过计算给定值和反馈值的误差经过 PID 计算才能得出控制输出，所以输出总是滞后于误差的产生，对于高精度的运动控制，您还需要配置前馈参数，以提高控制的精度和快速性，这样可以减小 PID 参数的积分深度，使得运动控制更精更快，带前馈单元的数控系统框图，如图 12-1 所示。

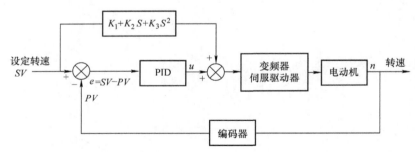

图 12-1　前馈 + 反馈控制框图

前馈参数包括前馈比例参数 K_1、前馈速度参数 K_2 和前馈加速度参数 K_3，一般情况下，取 $K_2 = 0$，$K_3 = 0$，只用前馈比例参数 K_1 即可达到很高的控制精度。

前馈比例参数 K_1 可以通过计算得到，K_1 与编码器分辨率 Re_1（10000P/r）、额定转速 n_e（如 1000r/min）、前馈单元（如运动控制器的 D-A 输出单元）输出满幅电压（如 ±10V）对应的分辨率 Re_2（如 2^{15} 位）有关，如下式，式中 k_0 是一个系数，因不同的运动控制器而不同。

$$K_1 = k_0 \frac{\text{Re}_2}{\text{Re}_1 n_e}$$

前馈比例参数 K_1 也可以通过"碰瓷法"测得，其方法如下：

简单设定 PID 三个参数，只要不振荡即可，设一个给定速度 SV_1，记录下电动机的转速 n_1，然后设定 PID 三个参数都为零，保持给定速度 SV_1，K_1 值从 0 开始增加，直到电动机的输出转速等于 n_1，记录下对应的 K_1 值 K_{10}，则

$$K_1 = K_{10}$$

如果有几个电动机同步运行，令一个 PID 的三个参数为零，改变 K_1 值，使其与其他电动机的速度基本相等，则这个 K_{10} 值即为所得。

"碰瓷法"也可以用于过程控制的前馈参数确定。

12.2　PID 参数的一种简单调整方法——"二四法则"

在运动控制系统中，如果运动控制器提供 PID 参数自整定算法，可以进行自整定，如果运动控制器中没有自整定功能，就需要新手自己对 PID 参数进行调整，有很多书籍对此有讲解，最后让响应曲线超调部分的前后衰减比为 4∶1，由于多数方法都需要有专业仪器进行观察，在现场应用有时就很不方便，很多新手也会不知所措，以下介绍一种简单的 PID 参数确定方法——"二四法则"可以供新手参考，方法如下：

1）PID 三个参数为零，P 从 0 开始逐渐增加，直到听到电动机轻微的振动，此时为 P_0，则比例 P 取为

$$P = \frac{P_0}{2}$$

2）$P = 0.5P_0$，$D = 0$，I 从 0 开始逐渐增加，直到听到电动机轻微的振动，此时为 I_0，则积分 I 取为

$$I = \frac{I_0}{2}$$

3）$P = 0.5P_0$，$I = 0.5I_0$，D 从 0 开始逐渐增加，直到听到电动机轻微的振动，此时为 D_0，则微分 D 取为

$$D = \frac{D_0}{4}$$

前馈参数 K_1 及 PID 参数调整完后，可以用吴式方法（本方法是从我的导师吴圣雄那里学习来的）测试运动控制性能的优劣，让速度给定 SV 为一个正弦函数

$$SV = k_2 \sin(\omega t)$$

由于速度给定 SV 的速度变化，求导后为余弦函数，加速度又为正弦函数，所以我们可以十分方便地分析。测试反馈值 PV，对比 SV 和 PV，分析误差变化、速度误差变化、加速度误差变化情况。

$$\dot{SV} = k_2 \omega \cos(\omega t)$$
$$\ddot{SV} = k_2 \omega^2 \sin(\omega t)$$

12. 3　速度链中变频器的"升降速法则"

在轧钢、造纸、纺织等领域，很多运动控制系统采用变频器驱动电动机，在升降速过程中常不能保持同步，新手更是对此不知所措。这里有一个非常重要的原因，是速度链中的各个变频器的升降速时间没有调整好，必须用"升降速法则"确定每一台变频器的升降速时间。

升降速法则：按速度链运行的多台变频器，每一台变频器的输出频率与它的升降速时间成反比，即频率高的升降速时间短，频率低的升降速时间长。

由于是拖动一个相同的纸带或钢带，所以速度链中各环节的线速度是相同的，系统调试时先不用拉料，利用速度表测量线速度，把各个环节的线速度调成一致，并接近正常的运行速度，记录下此时 n 台变频器的频率为 f_1、f_2、$\cdots$、f_k、$\cdots f_n$。

选定一台负载惯性最大的电动机，该电动机对应的变频器其输出频率为 f_k，按工艺要求设定好该电动机对应变频器的升速时间 T_{ka} 和减速时间 T_{kd}。

第一台变频器的升速时间 T_{1a} 和减速时间 T_{1d} 确定如下：

$$T_{1a} = \frac{f_k}{f_1} T_{ka}$$

$$T_{1d} = \frac{f_k}{f_1} T_{kd}$$

第二台变频器的升速时间 T_{2a} 和减速时间 T_{2d} 调整如下：

$$T_{2a} = \frac{f_k}{f_2} T_{ka}$$

$$T_{2d} = \frac{f_k}{f_2} T_{kd}$$

第 n 台变频器的升速时间 T_{na} 和减速时间 T_{nd} 用如下方法调整：

$$T_{na} = \frac{f_k}{f_n} T_{ka}$$

$$T_{nd} = \frac{f_k}{f_n} T_{kd}$$

12. 4　速度同步控制中"虚轴"的奇妙作用

在印刷、模切、轧钢、造纸、纺织领域，需要 n 个工位电动机之间按一定速度比运行，很多同步运动控制系统的同步性能很不好，在升降速过程中，经常出现电动机之间不同步运行现象，这可能是您的同步控制策略不好所致，很多初学者常常采用一种直观的控制模式，让后面的电动机跟随前面的电动机的运动，这种方法的弊端是容易造成后面的电动机一直处于微振动运行状态，因为任何一个电动机出现振动，其后面的所有电动机的运动都会受到影响，这就像部队训练中"向右看齐"指令发出后，后一个人看前一个人，过一会儿大家才能站齐，前面有一个人出问题后面的人就一定出问题，并且调整时间需要很长。

为了避免这一问题，可以采用虚轴的运行模式来解决，其具体方法是：

在运动控制单元中定义一个内部虚轴，生产线的设定速度控制这个虚轴，所有电动机跟随这个虚轴运动，因为虚轴没有振动问题，所有的电动机跟随的是一个运行稳定的内部虚轴，所以不会出现一个出问题，后面都遭殃的局面，并且全线的调节速度也快。

第 13 章　节能控制的分配法则和切换法则

自动化的另一大任务是实现节能生产，即少吃不少干。随着能源供应的日益紧张和人居环境的日益恶化，节能控制不可避免地将成为未来自动化系统持续追求的热点。

在人类发展的历史中，人们一直在有意或无意地寻找经济、省力的工作方法。例如两个同样体质的人抬东西，一般会让重物放在中间，各用一半的力；如果换成一个大人和一个孩子，则让重物靠近大人一侧；几个人一起去旅游，身体壮的多背些，身体弱的少背一些。学完本章后，读者会发现，这就是一种近似节能的安排。当然也有一些人类的经验，大家都这样做，并想当然地认为这是节能的做法，其实不然。例如在泵站中，一台调速水泵的供水量达到最大，水还不够用，就增加一台水泵，这根本就不是最节能的工作方法。

人类发明了各种设备，它们帮助我们利用自然和改造自然，如电动机、发电机、水轮机、汽油机、柴油机、燃气机、汽轮机、水泵、风机、轮船、汽车、火车、飞机、电动机车、锅炉、提升机、输送机、变压器、变频器和调速器等，我们把这些设备通称为通用设备。

只要需要多台设备和多个人或动物来完成一件事，就存在优化节能的问题。在三峡、葛洲坝等水利发电厂，不同的季节，河流有着不同的流量和水头，如何安排水轮发电机的数量和每台发电机的发电量，才能使总发电量最大；高速列车运行时，同样的道路、同样的外部环境完成同样的运输量，如何调节各车厢电动机的运行数量和出力分配，才能使整体的电能消耗最小；在大型调水工程中，由多台水泵组成的泵站大量存在，在输水量一定的情况下，如何调节每台水泵的出水量，使得泵站的整体效率最高；一台以上的调速电动机共同拖动一条长距离的矿石输送带，如何分配各个电动机的出力负载，使整体的电耗最低；一台以上的燃煤锅炉共同产生一定热量的蒸汽，如何分配各个锅炉的出力负载，使整体的煤耗最低；如何安排两条输电线路中的输电负载，使输电线路的整体输电效率最高；两台以上变压器供电，如何安排每台变压器下的负载量，使变压器组的整体运行效率最高；这样的需求，在人类社会中，比比皆是。多动力系统如图 13-1 所示。

三峡水电站

高速列车

图 13-1　多动力系统

13.1　各种通用设备之间以及人与设备之间的共性——效率曲线

　　各种通用设备之间以及人与设备之间有没有共性的东西？以便我们把所有系统的节能问题统一起来，如果有共性的东西，它又是什么呢？

　　自然界中的生物和人类制造的各种机器或设备，都有一个效率曲线，并且效率曲线的形状相似，在一定工作条件下的效率曲线都有一个最高效率点，这就是它们的共同点。一般设备（或生物）的效率曲线 $\eta(\beta)$ 的形状如图 13-2 所示，图 13-2 中，β 为负载量，η 为效率。

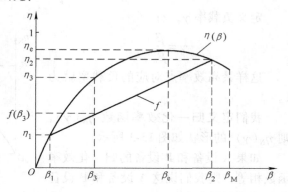

图 13-2　设备（或生物）的效率曲线 $\eta(\beta)$

　　图 13-2 中，η_e 为最高效率点，对应最佳负载量 β_e，β_M 为最大允许负载量，$f(\beta)$ 为过 (β_1, η_1) 和 (β_2, η_2) 两点之间的直线，θ 取值在 $[0, 1]$ 区间：

$$f(\theta \times \beta_1 + (1-\theta) \times \beta_2) = \theta \times \eta(\beta_1) + (1-\theta) \times \eta(\beta_2)$$

　　从工程意义来讲，$\eta(\beta)$ 近似符合凹函数的特征，因为当 θ 取值在 $[0, 1]$ 区间时，满足下式：

$$\eta(\theta \times \beta_1 + (1-\theta)\beta_2) \geqslant \theta \times \eta(\beta_1) + (1-\theta) \times \eta(\beta_2)$$

β_3 位于 β_1 和 β_2 之间，所以有

$$\eta(\beta_3) \geqslant f(\beta_3)$$

效率曲线近似按凹函数处理，则效率函数的倒数近似为凸函数。

凹函数的二次导数小于 0，且只在最高点处导数等于 0，即

$$\eta(\beta)'' < 0$$
$$\eta(\beta_e)' = 0$$
$$\beta < \beta_e, \eta'(\beta) > 0$$
$$\beta > \beta_e, \eta'(\beta) < 0$$

假设效率函数的形式为

$$\eta(\beta) = a_0 + a_1\beta + a_2\beta^2 + a_3\beta^3 + \cdots$$

由于效率函数过 $(0, 0)$ 点，所以有

$$a_0 = 0$$

所以效率函数可以变为以下形式

$$\eta(\beta) = \beta(a_1 + a_2\beta + a_3\beta^2 + \cdots) = \beta f_0(\beta)$$

$$f_0(\beta) = a_1 + a_2\beta + a_3\beta^2 + \cdots = \sum_{i=1}^{\infty} a_i\beta^{i-1}$$

　　如果效率函数用二阶函数近似代替，根据效率函数的形状和二阶导数为负，有

$$\eta(\beta) = a_1\beta + a_2\beta^2 = \beta(a_1 + a_2\beta) \geqslant 0$$

$$a_1 + a_2\beta > 0$$

$$a_1 > 0$$
$$a_2 < 0$$

13. 2　归一化效率函数、负载率和效率相似系统

定义负载率 γ，有

$$\gamma = \frac{\beta}{\beta_e}$$

这样最高效率点对应的负载率就为
1。

我们定义归一化效率函数 $\eta_N(\gamma)$，
则 $\eta_N(\gamma)$ 的形状如图 13-3 所示。

如果 A 设备和 B 设备的归一化效率
函数相等，则我们说这 A 设备和 B 设备
是效率相似设备。

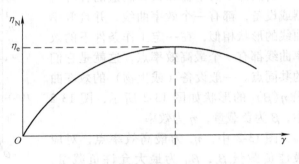

图 13-3　归一化效率函数 $\eta_N(\gamma)$

由效率相似设备组成的多动力系统，我们称为多动力效率相似系统。

13. 3　多动力系统节能问题的归一化表达式

其实所有的优化节能问题都可以归结为两个问题，一个是最大化问题，一个是最小化问
题。最大化问题是指输入的能量固定，让设备或人干最多的活，如水电站、风电站、太阳能
电站、火力电厂、核电站等，发电设备的节能问题是最大化问题，也就是输入一定的水能、
风能、太阳能和核能，让它们发出最大的电能。最小化问题是指完成同样多的活，让设备消
耗的能量最小，用电设备组成系统的节能问题是最小化问题，也就是让设备完成一定的任
务，用最小的能量，如水泵站、风机站、动车组和供电线路等。

为了简化起见，我们近似认为各种系统都是效率相似系统。

对于最大化问题，总发电量表达式 W_t 如下：

$$W_t(c) = k_0 h_0 \sum_{i=1}^{n} (\beta_i \eta_i(\beta_i)) = k_0 h_0 \sum_{i=1}^{n} (\gamma_i \beta_{ie} \eta_N(\gamma_i))$$

优化节能表达式如下：

$$\max W_t(c)$$
$$s.t.\ \gamma_i > 0,\ i = 1,\ 2,\ \cdots n$$

$$\sum_{i=1}^{n} \gamma_i \beta_{ie} = c$$

对于最小化问题，总用电量表达式 P_t 如下：

$$P_t(c) = k_0 h_0 \sum_{i=1}^{n} \frac{\beta_i}{\eta_i(\beta_i)} = k_0 h_0 \sum_{i=1}^{n} \frac{\gamma_i \beta_{ie}}{\eta_N(\gamma_i)}$$

优化节能表达式如下：

$$\min P_t(c)$$

$$s.\,t.\,\gamma_i > 0, \quad i = 1,\ 2,\ \cdots n$$

$$\sum_{i=1}^{n} \gamma_i \beta_{ie} = c$$

其中，k_0 是常数，h_0 代表一个能量因素，一般在某个阶段可以为恒值，β_i 为另一个能量因素，β_i 是需要控制的负载分配量，η_N 为归一化效率函数，c 为总负载量。

例如，在水电站中，h_0 代表水头（米），大坝上几台发电机组的水头相等，β_i 代表各个机组的进水量（t/h），系数 k_0 等于 0.002725，W_t 为功率（kW）；在供水泵站，h_0 是代表扬程（m），几台水泵的工作扬程相等，β_i 代表各个水泵的出水量（t/h），k_0 系数等于 0.002725，P_t 为功率（kW）。

13.4 分配法则和切换法则

上述最大化问题和最小化问题所包含的变量与求解方法，与过去在高等数学中所讲的有所不同。不同点之一，在变量中，有些是实数，有些则是正整数，实数如每台设备所承担的负载，整数如用几台设备或几个人，用哪种设备等，对于整数变量求导数，解出的最优点可能是带有小数的实数，这显然是不符合实际的；不同点之二，对于系统需要的一个总负载和确定的现有设备，其总效率的最佳点不一定是导数为零的点，而是可以实现的所有方案中的最好的一个方案；不同点之三，在很多优化点存在非唯一解，也就是这样安排和那样安排的优化结果是相同的，我们把求解这种优化问题的方法称为量子优化法则。

最大化节能问题和最小化节能问题的优化结论相同，关于优化结论的证明可以参考作者的有关书籍和论文，不过由于结论非常简单，广大读者只需要记住两个非常有用的节能控制方法即可，一个是分配法则，另一个是切换法则。

分配法则（老子法则）：对于效率相似的多动力系统，其最优的负载分配方法是保持运行中的各个设备负载率相同。

$$\gamma_1 = \gamma_2 = \cdots = \gamma_n = \frac{c}{\sum\limits_{i=1}^{n} \beta_{ie}}$$

$$\beta_i = \frac{\beta_{ie}}{\sum\limits_{i=1}^{n} \beta_{ie}} c$$

切换法则（孙子法则）：对于效率相似的多动力系统，其最优的切换点是在 k 个运行设备和 m 个运行设备归一化效率相等的点。如果设备有最大负载值，也就是最大出力有限制，则最优的切换点也可能是设备的最大负载点。

$$\eta_N \left(\frac{c}{\sum\limits_{i=1}^{k} \beta_{ie}} \right) = \eta_N \left(\frac{c}{\sum\limits_{i=1}^{m} \beta_{ie}} \right)$$

负载分配法则可以解释上面的两个人抬东西的节能优化问题，它也解释了人们在设计一个系统或设计一个工厂时，保持各个环节的负载率（裕度）相等是最优节能设计。

关于设备优化和人力优化，有几个有趣的现象需要注意。大家一起去旅游时，物品均分携带是最节省体力的安排，没有人员数量变换问题，而如果安排一群人去完成一项工作，则需要考虑人员数量问题，因为派出去的人即使不干活也还要吃饭，这是人与机器的不同，机器关闭就不再消耗能量了；另外，同样的机器不干活，机器开着不干活和机器关闭不干活又不一样，机器开着不干活就要消耗能量。

13.5　三峡水电站、南水北调和其他有中间存储环节的系统节能

对于三峡水电站和葛洲坝水电站这样的大坝拦蓄水电站，可以实现全年的极大化节能运行，也就是水头和水量的能量乘以各个环节的最大效率，就应是它可以实现的发电量，否则就存在能源浪费。对于像南水北调这样的巨型工程，如东线泵站和中线的惠南庄泵站，因为有湖泊调蓄作用，也可以实现全年的极大化节能运行，也就是水压和水量的能量除以各个环节的最大效率，就应是它可以实现的耗电量。

对于其他有中间存储功能的系统，如带中间存储罐的化工系统，带有高位蓄水池的供水系统等等，也可以实现全年极大化节能运行。

第 14 章　创新能力的自我培养

发明和发现促进了人类文明的发展，改变了人类的生活，所以我们大多数人一提到那些发明家和那些科学家就让人肃然起敬却又高不可攀，其实这一切都没有那么神秘，以数学家笛卡尔为例，我们大多数人可能并不知道他一生中 99% 的时间都做了些什么，但我们却都知道他在一张纸上标出的两个小箭头，奠定了人类确定位置的简单方法，这就是我们熟悉的笛卡尔坐标。然而遗憾的是，我国很早以前的围棋本身就是在一个横竖相间的格子上战斗并也有位置概念的游戏，其实只要在格子上标出箭头和数字也就是坐标了。牛顿三定律对于每个上过中学的人可能是耳熟能详的，概括为一个公式和两句话，一个公式是 $F = m \times a$，一句话是静止或匀速直线运动的物体如果没有外力作用将一直保持这种状态，另一句话是作用力和反作用力大小相等方向相反，现在想起来也确实简单得不行，因为任何推过东西的人都知道，被推的物体越重你用的力就越大，你想让它加速度越快，你用的力也越大，但是为什么那么多人就没能想出 $F = m \times a$ 来呢？这就是思维方式的问题，多数人就因为考虑的太多，什么摩擦力、风的大小、地面的斜度、用力的形式等，所以才把一个简单的问题复杂化了，而这一点却是很多大科学家的过人之处。富兰克林在房顶上插一根铁棍，就解决了几千年来雷电击毁建筑的难题，人类再也不用杀人杀狗的祭天祈祷了，多么简单而伟大的发明！世界上第二个给房顶插铁棍的就可以是瓦工了，这就是第一和第二的区别。两根电线没有任何连接，只要把它们缠绕在一个共同的圆环铁棍上，就把交流电传过去了，这就叫变压器，没有它您家的电可送不过去，您说人家特斯拉是怎么想得？科学工作者的终极目标就是要做这些勤于思考的人，从看似复杂的事物中理出最根本的东西。

长期以来，我一直怀疑苹果和牛顿万有引力故事的真实性，我倒宁愿相信这是作者为了增加科学故事的可读性和趣味性而杜撰的，但这个故事却轻而易举让我们记住了一个伟大的科学家。

"我要做科学家！"，这曾经是我们很多人童年时的一个梦想，想一想当今社会有多少人不知道那些名冠古今的科学家和发明家。在中国，一个不知道张衡的人可以断定他 90% 以上小学没毕业，一个不知道牛顿是谁的人可以判定他可能都没上过中学，而一个不知道美国第 7 任总统是谁的人却和他的教育程序没有太大关系，更不用说其他国家的国王啊主席啊什么的，请想一下，谁是 100 年前全球最大的布商，谁又是 400 年前中国最大的木器商人，这些都将是过眼云烟，一个真正的科学工作者，他的最大目标就是要做青史留名的科学家或发明家。

很多的发现和发明其实就是机遇、灵感和思考三者结合的产物，这是我们能做出伟大成就的先决条件，机遇和灵感有一定的偶然性是可遇不可求的，但是做到善于思考却是我们通过训练可以做到的。

技术创新其实就是把空想、胡想、设想和假想，通过分析，去除不合理因素，最后得到可行的结果的过程，作为一个有发展前途的电气自动化工程师应该主动地、自觉地提高自己的创新能力。

14.1　解决工作中的难题和破解不合常理的现象

这是工程技术人员最容易创新的地方，因为任何行业都有数不清的难题去等待有心人去解决，我们不应该熟视无睹。自动控制设备的控制精度是否可以更高，而花费又是可以承受的；设备的生产速度是否还能更快，而增加的成本又不会太高。现在的控制过程已经是最完美的了吗？如何设计控制系统及生产工艺才能逼近它的极限生产率。对于如何设计生产工艺和控制方式才能实现极限生产率的研究课题几乎在任何行业都有，一个想干一番成就的电气自动化工程师对此不能无动于衷，试着把你工作中所有遇到的难题都列入你的研究视野，那你就是一个终生有干不完活的发明家或是科学家。

注意工作和生活中那些不合常理的现象，思考一下，如果用已有的知识解决不了它，那就试着用您自己想象出来的新方法去解决、去解释它，这也许就意味着一项新发现的诞生，也许您就是那个为已有理论做修正的人。

14.2　组合得到新发明

我们生活中的很多发明就是对已有的技术进行组合而得到的，如带有钟表的台灯，带温度表的茶杯，带计算器的手表，带语言报时的计算器，带语言提示的控制设备。你可以试着把任意两种或多种成熟产品或成熟技术进行组合，把一种常用品和一种专用品组合看是否能得到一个有实用价值的新产品。其实发明有时就是这么简单，我们可以列出很多互不相干的东西或词组，把它们分在两列或更多列，看它们两者交差或更多者交叉是否可以产生新的东西，我们随意把一些物品和词组罗列如下：

手机、手表、电视、录音机、眼镜、凸透镜、凹透镜、焦距、玻璃、椅子、桌子、沙发、折叠床、被子、发卡、自行车、汽车、航天器、火箭、雷达、摩托车、钢笔、手电、日光灯、鞋子、裤子、帽子、袜子、毛衣、大衣、杯子、笛子、书橱、菜刀、纸篓、垃圾桶、台灯、发光管、晶体管、圆珠笔、发电机、电动机、温度计、吊车、摄像机、压力计、流量计、计算机、PLC、手枪、大炮、坦克、试管、酒精灯、打、压、挤、粉碎、玉米、小麦、棉花、西瓜、黄瓜、茄子、南瓜、苹果、桃子、杏、梨、拖拉机、电池、药片、暖瓶、热水袋、裤子、书本、牙膏、牙刷、肥皂、肥皂盒、洗发膏、洗发膏盒、油漆、涂料、塑料、马桶、箱子、电镀、蒸发、糖果、玩具，软件、空调、窗帘、老虎、狮子、狗、兔、老鼠、猫、鲨鱼、海豚、乌龟、雨伞、体温、梦想、思考、胃、肺、耳朵、眼睛、鼻子、血管、指甲、香水、甘油、水、钳子、扳子、改锥、红色、绿色、蓝色、黄色、白色、黑色等。

让我们随机组合一下看看会怎样：玉米状的汽车，带有录音机的西瓜状手机、带有南瓜味的自行车状发卡、苹果味的洗发膏、乌龟状的肥皂盒、坦克状的手表、黄瓜味的药片、带温度计的摄像机、老鼠状的台灯、设计裤子的软件、桃子味带老虎图案的被子、狮子状的果糖、把发光管放在圆珠笔头上你就可得到一个能夜间写字和查字典的圆珠笔，把红色的玻璃粉碎后加入涂料您就可以得到永不褪色的红色涂料，改变充入两片密合圆塑料片内的水量（或甘油）形成单变焦镜片，把两个发光二极管反向并联就得到一种交直流两用的指示灯等等，这样的例子不胜枚举，只要您的语文组词能力足够好，说不准哪一天您就能发明几百项小东西，而思路也不会枯竭，这就是组词式海量发明法。假如您是一个迷茫的印染厂图案设计师，您还会觉得无方案可选吗？

把上述单变焦镜片做成巨型且平放（为了克服重力）通过光的折反射应用于天文观测，做一种人人买得起的天文望远镜，也不是不可能，将此作为研究课题，说不准您还会成为该领域里最伟大的科学家之一。

那就赶快行动起来吧，让我们快速成为发明家！如果您有足够的金钱和精力，从今天开始，您完全可以成为世界上拥有专利最多的发明家，不过这还不能保证您能成为最伟大的发明家，因为组合发明在多数情况下是比较小的发明，当然如果您有幸组合出像显微镜和望远镜（两个凸透镜组合）那样的东西，那您想不成为人类历史上最伟大的科学家之一也难。

14.3　挑战不可能的事对已有理论持怀疑态度

作为一个优秀的科技人员，不应成为奴性的应声虫，对领导说要干的事就千方百计找出多少个能干的理由，对领导说不行的事就再找出上百个不行的理由，这不是真正的科学家，任何一个真正能经得起历史考验的结论，都是实事求是科学论证的结果，科学家要有自己的观点，更要勇于挑战那些多数人认为不可能的事。

挑战不可能的事其实也没那么神秘，大家觉得不可能也许是大家的思路偏了，那我们不妨换一个角度考虑。19 世纪初很多知名的科学家都不相信金属的东西能飞上天，因为当时人们更多地考虑是金属的密度比空气大，所以它不可能飞到天上，但是人们忽略了动态运动中的金属飞机还有一种很大的升力；在量子力学刚提出时也是这样，很多大科学家甚至对此讥笑，所以我们在充分尊重前辈们外，不应该迷信我们的前辈。

如果有人提出"沙漠能轻而易举地征服吗？""物质真的不灭吗？""能量一定就守恒吗？""水真的就不能变成油吗？""海水能实现无成本淡化吗？"等问题，如果不是显而易见，最好先不要忙着去否定它，不妨作为一个潜在的课题，仔细研究那可能会大有益处。

人们已经发现了反物质，也就是说物质也会消失，世界上也就有了负能量，而这些都颠覆了过去曾经认为是真理的知识，能量守恒的概念还放之四海而皆准吗？电子在原子内部转了上亿年了，它们是不是离原子核越来越近了呢？如果一直维持这样的运动，这不就是一个微型永动机吗？如果不能维持相同的运动，那它还是原来那种物质吗？

世界上很多事情只要还没有完全弄清楚，就不要轻易下结论，如果不考虑成本因素，我想未来很多事情都有可能，只是目前我们还没有找到那条通向成功的路。对一切成形的理论和方法持怀疑态度是你走上创新巅峰的思想基础。

14.4　案例解析及异想天开

夏天夜晚，台灯下会有很多陪读的小虫，很是热情，那您如何用不伤及它们性命的方法轻松地逮一两只小虫亲热亲热而它们还不飞走？用手去拍，显然不行，那您不妨试试下面的方法：先用嘴轻轻地吹小虫，小虫本能的反映是降低重心并紧紧抓牢桌面，然后逐渐加大气量，小虫会越抓越紧，这样您就可以轻松用手逮到它们了。注意观察生活中的小事，也可以使您拥有与众不同的行事方法。

夏天中午，同一棵冬青树上很多叶片下面的蚜虫，为什么会同时展翅，是它们中有一个领导在指挥吗？它们用什么方式通信？是声波？还是太阳钟？还是其他什么？

有时我们用指甲掐胸部下面的第二根肋骨，发现不仅是肋骨疼，同侧的胳膊肘也有针扎似的痛感，用指甲掐肚子表面的皮肤，后背肩胛骨上面也有针扎似的痛感，难道这些地方的神经线短路了吗？还是神经线之间存在着回波自激干扰？那么能不能利用这一现象，在一个神经点利用电脉冲信号对神经线进行大面积麻醉呢？

世界上有很多事情，我们都可以抱着愉悦和好奇的心情去对待，去幻想，去异想天开，下面就让我们进入白日畅想之旅吧。

14.4.1　看得见摸不着的立体成像装置

猛一看标题，您可能认为这一定是一个很复杂的东西，其实当您看过后发现，原来竟如此简单。如图 14-1 所示，该装置由一面镀有水银的凸透镜、内部涂黑的箱子、光源和被显示的钢笔组成，把钢笔 AB 放在箱子内人眼不能直接看到的地方，箱子内部涂黑，光源放到人眼不能直接看到的地方，光源的灯光经定向遮盖后直接照射到钢笔 AB 上，在凸透镜的一面镀有水银形成一反射镜，把钢笔的图像 AB 成在箱口处，参观者能看到这支立体的钢笔，用手去拿却拿不到，不信可以找一个放大镜电镀其中的一面试一下，如果把钢笔换成电镀的弹簧（亮暗对比明显）立体效果会更好。

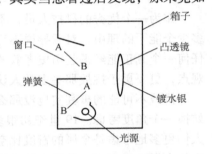

图 14-1　立体成像装置

14.4.2　不用更换的永久性手表电池

一提到永久性，人们可能首先想到的是世界上哪有这样的电池，但是需要提醒大家的是这个电池就是手表电池，因为该电池是随同手表而戴在活人手上的，当人的体温同外界环境有一定温差时，该温差也就提供了能量的来源，再者手表需要的电量又是如此之小。

利用集成生产技术形成上万个两种金属（或半导体）首尾串接的热电池，就得到一种永远不消耗的物理性手表电池，该电池和大电容（维持摘掉手表后的能量提供）配合使用就可以使手表保持连续运转。该体温手表电池的生产方法如图 14-2 所示，当该电池的上下两端存在温差时，电池就发出电来，由于该电池的集成度较低，可以利用淘汰的集成电路生产设备生产，如果需要该电池发出较高的电压，可以继续溅射金属层，并光刻成型。两种金属 A、B 可以选择如下材料：镍合金（Ni88.7%、Cr10%、Mn0.3%、Co0.4%、Si0.6%）和考铜合金（Cu56%、Ni44%），其热电性 0.0695mV/℃。如用半导体材料，则两种半导体材料为：碲化铋与锑化铋混合为 P 型材料（$Bi^{0.5}Sb^{1.5}Te^3$ 三元合金）；碲化铋与锡化铋混合为 N 型材料（$Bi^2Te^{2.7}Se^{0.3}$），电极材料为 $Ag^{65}Cu^{24}In^{15}$ 三元合金，其热电性 0.4mV/℃。如果电池需要做成卷片式的，其衬底可用 50μm 厚的聚酰亚胺为材料，否则用陶瓷或聚四氟乙烯。

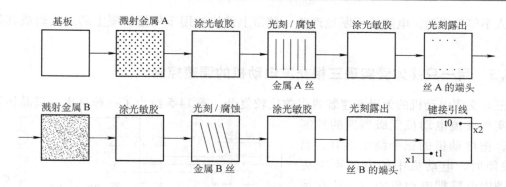

图 14-2 永久性手表电池

14.4.3 海水无成本淡化

听题目您可能觉得不太现实，但是如果我们淡化的海水作为某种产品的副产品或垃圾不就可行了吗？我们在靠近海边的地方建一个盐场和一个低温发电厂，利用沿海地区分布很广的地下热岩作原始能量加热海水，加热后的海水减压闪蒸产生蒸汽去带动汽轮发电机发电，浓缩后的海水去晒盐，蒸汽冷却后生成的淡水就是这个盐电联产厂的垃圾，这就实现了海水的无成本淡化，如图 14-3 所示。

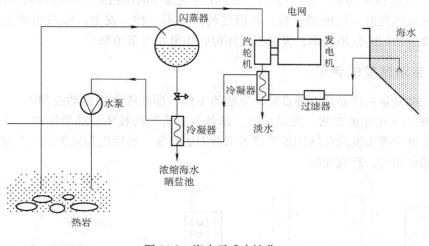

图 14-3 海水无成本淡化

14.4.4 为冬季服装供暖的发电鞋

将小型离合器和永磁发电机缩小放入鞋跟中就可以得到一双可以为野外工作人员和跋山涉水的军人提供冬季衣服内电热取暖的发电鞋，如图 14-4 所示。

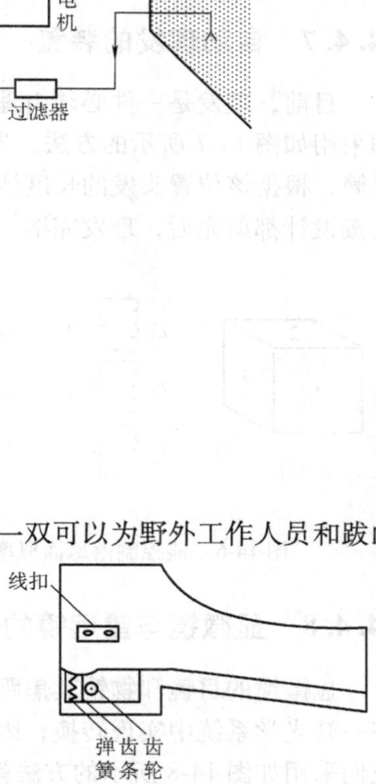

人走路时，脚压下踏板，踏板上的直齿条带动小齿轮旋转，小齿轮上的两个牙块在离心力的作用下，向外伸张，牙块与外面的内牙转盘连接旋转，内牙转盘上的磁铁随同旋转，磁力线切割外面的固定线圈，线圈上产生电

图 14-4 发电鞋

能，人不停地运动，电能就不断地产生，鞋帮上的线扣用于外接衣服上的电热丝或其他电器。

14.4.5　用一只晶体管实现三相交流电动机的调速控制

三相交流电动机的无级调速装置多数比较复杂，图14-5给出了一种只用一只晶体管就可以实现交流电动机无级调速的控制电路，把电动机的三个绕组拆开，当VT关闭时，电动机中的电流不能突变，图中电容把电动机中的电流存储起来，电容上的电压升高；当VT导通时，电动机通电运行，电容通过设备的风扇放电，风扇运转，通过控制晶体管 T_1 的导通时间和频率就可以控制三相交流电动机的无级调速。

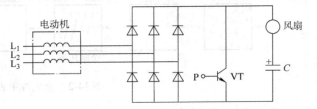

图14-5　用一只晶体管实现交流电动机调速

14.4.6　能控制落地面概率的六面体玩具

大家知道如果六面体制造均匀，其六个面的落地概率应该相等，本玩具能控制各面的落地面概率，如图14-6所示，在六面体的6个面内放置不同谐振频率的电感 $L_1 - L_6$ 和电容 $C_1 - C_6$，当发射机发射不同的频率时，各面受的力也不一样，发生谐振的面将感应出更大的力，从而改变各面的落地概率，发射机关闭时，恢复正常落地概率。

14.4.7　自动理发的装置

目前，理发是一件必须由理发师来完成的工作，那么能否用自动控制的方式来完成呢？如采用如图14-7所示的方法，先设计好头部各位置头发的长短，然后用抽风机把头发吸入风筒，根据该位置头发的长度调整风筒内部剪刀的位置，然后把头发剪断，头部各位置的头发按设计都剪完后，理发完毕。

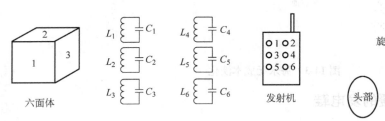

图14-6　能控制落地面概率的六面体玩具

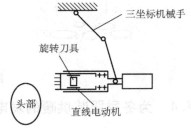

图14-7　自动理发的装置

14.4.8　显微镜与望远镜的快速转换

显微镜的目镜和物镜其焦距要求与望远镜正好相反，所以望远镜和显微镜往往不能同时在一套光学系统中实现转换，因为每片光学镜片的焦距是固定的，不能大幅度调整，但如果我们采用如图14-8所示的方法就可以解决这一问题，在图14-8中液体A和液体B为不同折射率的两种液体，前面的步进电动机带动磁块运动，磁块带动磁缸运动，磁缸运动改变了膜片内液体 B 的容量和膜片外部液体 A 的容量，使前面物镜的焦距发生了变化，后面的步进电动机带动丝杠运动，丝杠带动对夹滚柱运动，对夹滚柱运动改变了膜片内液体 B 的容量和膜片外部液体 A 的容量，使后面的目镜的焦距发生了变化。物镜和目镜采用可以单独改变焦距的充液（如甘油等）镜片，控制每片充液变焦镜片中液体的充入量就可以改变它的焦距，当我们观测不同距离的物体时，不论远近都可以轻而易举地看清楚它。

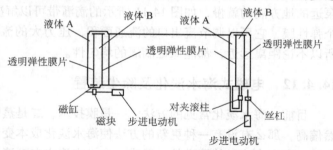

图 14-8　显微镜与望远镜的快速转换

14.4.9　能消除空间尘埃的天文望远镜

观测太空的望远镜非常容易受地球大气中尘埃和云雾的影响，所以人们自然会想把太空望远镜搬到外太空去，其代价和费用是昂贵的，那么能否不用把望远镜搬到太空也能解决这一问题呢？如图 14-9 所示，在三个地方放置三台天文望远镜，让它们同时对准一个需要观测的天体，把三个天文望远镜的图像都显示到同一个屏幕上，这样大气的尘埃和云雾就会形成均匀分布的灰度而不再对人的眼睛形成障碍，这就像人隔着纱窗看物体时，人头晃动就把纱窗变成了灰度，而远处的物体就清楚了。

14.4.10　沙漠地区植物的自灌装置

沙漠地区种植植物不容易存活的主要原因是植物缺水，而人们又不能去灌溉它们，即使人类每年都投入大量资金治沙，效果却极不理想，那么是否可以利用空气中的水分给植物进行自灌呢？让我们看一看如图 14-10 所示的装置，夜间，潮湿的空气流入装置，吸湿剂吸收空气中的水分；白天，太阳能加热吸湿剂，将吸湿剂中的水分析出，经过冷凝变成水引到植物的根部，这样就实现了植物的自灌。

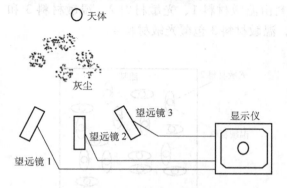

图 14-9　能消除空间尘埃的天文望远镜

图 14-10　沙漠地区植物的自灌装置

14.4.11　长距离均匀滴灌的输水带

对缺水地区的作物或高速公路上的植物进行浇灌，需要使用能长距离均匀滴灌的滴灌带，目前多数的滴灌带不能实现滴灌带的长距离均匀滴灌，离水泵近的地方滴的就快，离水泵远的地方滴的就慢，如图14-11所示的滴灌带可以解决上述问题，在滴灌带的流出口有一个弹性膜，它可以调节流出口的流通面积，压力大的流通面积变小，压力小的流通面积大，所以不论距离远近，都能保证滴灌的均匀性。

14.4.12　电磁式海水淡化及除尘装置

目前，海水淡化常见的方法，一是膜技术，二是蒸馏，不论哪种方法海水淡化的成本仍然偏高，那么有没有一种更新的方法使海水淡化成本变低呢？我们可以尝试图14-12所示的方法，在海水流过的管道外，形成一个沿水流方向高速运动的磁场，让海水中的Cl^-离子和Na^+离子等在高速磁场中发生偏转，在管道的外壁分流排出，导电性不太强的淡水可以从管道中慢慢流出，从而得到淡水，此原理也可用来进行污水处理或进行除尘，把灰尘作为高速磁场中的转子去处理，可以做成微型高效的除尘装置。

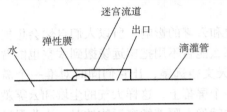

图 14-11　长距离均匀滴灌的输水带

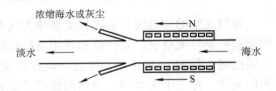

图 14-12　电磁式海水淡化及除尘装置

14.4.13　图中的水能持续流动吗？

在图14-13中，由于毛吸现象，水在毛细玻璃管中上升到一个高度，用棉线将水引下，如果此过程能持续进行，那将是一个天大的新闻，但是水能流下来了吗？

14.4.14　温度控制光敏变色方向的涂料

大家知道，为了生活的舒适性，野外帐篷的染料和建筑的外墙涂料，最好能在夏天多散热，而在冬天要少散热。如图14-14所示的涂料由温敏材料1、光敏材料2、温敏材料3和光敏材料4组成，温敏材料1包覆光敏材料2，温敏材料3包覆光敏材料4。

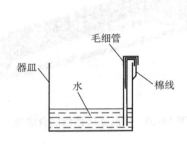

图 14-13　水能流下来了吗？

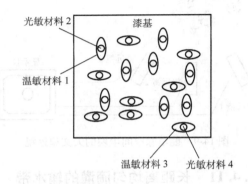

图 14-14　温度控制光敏变色方向的涂料

当夏季外界环境温度高于 30℃时，温敏材料 1 由灰变成透明，被包覆的光敏材料 2 能够接受光线，在太阳光下光敏材料 2 由黑变白，反射太阳光线，在无光的夜晚，光敏材料 2 由白变黑，向外辐射热量；当外界温度低于 30℃时，温敏材料 1 由透明变成灰色，光敏材料 2 受光量减少，光敏特性变迟钝。

当冬季外界环境温度低于 15℃时，温敏材料 3 由灰变透明，白天有阳光时，光敏材料 4 由白变黑，吸收阳光的热量，夜间无光时由黑变白，减少热量向外辐射。外界温度高于 15℃时，温敏材料 3 由透明变成灰色，光敏材料 4 受光量减少，光敏特性变迟钝。

光敏材料 2 可以用俘精酸酐制成，光敏材料 4 可以用二氢吲哚螺吡喃制成。

这样的涂料，在夏天天热时，白天则变成白色（反射外界光，减少吸收热量），晚上时则变为黑色（向往辐射热量）；冬天天冷时，白天变黑（吸收外界热量），晚上时则变为百白色（避免向外辐射热量）。

14.4.15 "原汤原汁"型的自学习模糊控制器

在定值控制领域，有一些生产过程用常规的 PID 控制方式难以达到满意的要求，而有经验的操作人员却能轻而易举地用人工控制方式来完成，这就是人的模糊控制经验，模糊控制经验可以由科技人员通过与操作者进行交流和并通过数学处理的方法来得到，但是由于这些经验不好描述，以及科技人员理解的偏差，往往会造成有用信息损失过大，所以大多数情况下，模糊控制器需要反复修改。如图 14-15 所示的"原汤原汁"型的模糊控制器，可以避免这些问题，并且用它得到的经验比操作者还要好。

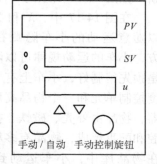

图 14-15 "原汤原汁"型的
自学习模糊控制器

当有经验的操作员控制时，将过程控制的设定值 SV、被控制参数的反馈值 PV 和人工控制输出值 u 同时输入到该控制器的采样输入端。以误差 $e(=SV-PV)$ 和误差变化率 e' 为两维坐标记录操作者的输出值 u，当发生同样的误差 e 和误差变化率 e' 时，记录的 u 如果与原来的 u 不一样怎么办，我们取使下一时刻的误差值 e 较小的 u 做记录，这样就可以剔除操作者的失误，从而形成"青出于蓝而胜于蓝"的经验，由于此装置没有操作者表述问题，没有数学处理过程，是"原汤原汁"型的自学习模糊控制器。记录一定时间后，可以切换到自动控制方式，由提取出来的经验进行自动控制，对于没有出现的误差 e 和误差变化率 e'，由于没有经验提取，可以用插值法去填充，并做标记，以备下一次学习时重新填充。

14.4.16 人类经验提取装置

上一个例子中，人的经验是由"原汤原汁"型模糊控制器在实际现场来完成信息采集的，它有一定的局限性，因为凡是没有出现的误差 e 和误差变化率 e'，其输出 u 只能用数学方法插补上去，并做出记号，以便下一次继续学习时用操作者的经验把它们再替换掉，为了克服这一问题，我们可以做一个专用的人类经验提取装置，把该装置面板上的显示器、控制手段做的同实际现场一样，并把装置所放的场地布置也尽量跟操作者的实际现场相似，然后我们再用一个尽量与实际被控过程相近的传递函数（三阶以内）模仿实际过程的变化规律，如图 14-16 所示，这样搭建的人类经验提取装置，就可以主动发出全部的误差 e 和误差变化率 e' 并记录下操作者的经验，并且没有生产危险，如果要获得更准确的操作者经验，需要把误差的更高次变化率也考虑进去。

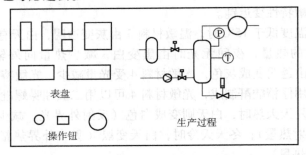

图 14-16　人类经验提取装置

14.4.17　物品空中悬浮跳跃运动展示装置

　　商家和各种活动的组织者为了吸引人们的眼球，现在用于展示物品的形式也是花样翻新。如图 14-17 所示的一种可以使物品悬浮并做出花样运动的展示装置。

　　在图 14-17 中，X 和 Y 两方向可以随意运动的小车隐藏在装置的上方，小车的运动规律可以随机产生或是预先编制好，小车上有一个磁场强度控制单元和一个物品高度位置探测器，物品由外壳、磁铁、托盘、氦气腔和配重组成，物品有多种，它们放在物品库中，小车运动到物品库上

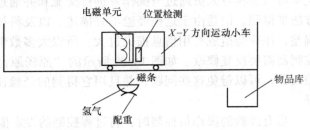

图 14-17　物品空中悬浮跳跃运动展示装置

方，控制磁场单元的磁场强度，把物品吸起并移出，根据位置探测器的测量值，控制磁场强度使物品保持在一定的高度，悬浮在空中。随着小车的运动，物品按控制程序产生上下跳动动作，物品的托盘可以托出赠品：口香糖、饮料、香烟等。

14.4.18　注意事项

　　上面列举的例子有些会涉及专利权，如果读者想进行深入地研究并应用，请同有关专利权人协商。